工程实践系列丛书

全国职业教育技能型人才培养规划教材

AutoCAD 机械制图项目教程

主　编　俞　挺　　黄浙剑

主　审　应龙泉　　张武剑

副主编　徐洪池　　刘　敏　　吴世萍

　　　　朱秋青　　吴晓庆

U0206552

西南交通大学出版社

·成　都·

图书在版编目（ＣＩＰ）数据

AutoCAD 机械制图项目教程／俞挺，黄浙剑主编. —
成都：西南交通大学出版社，2015.2（2018.7 重印）
（工程实践系列丛书）
全国职业教育技能型人才培养规划教材
ISBN 978-7-5643-3765-0

Ⅰ. ①A… Ⅱ. ①俞… ②黄…Ⅲ.①机械制图 –
AutoCAD 软件 – 高等职业教育 – 教材 Ⅳ. ①TH126

中国版本图书馆 CIP 数据核字（2015）第 033478 号

工程实践系列丛书
全国职业教育技能型人才培养规划教材

AutoCAD 机械制图项目教程

主编　俞 挺　黄浙剑

责 任 编 辑	罗在伟
封 面 设 计	墨创文化
出 版 发 行	西南交通大学出版社 （四川省成都市二环路北一段 111 号 西南交通大学创新大厦 21 楼）
发行部电话	028-87600564　028-87600533
邮 政 编 码	610031
网　　　址	http://www.xnjdcbs.com
印　　　刷	四川煤田地质制图印刷厂
成 品 尺 寸	185 mm × 260 mm
印　　　张	16.5
字　　　数	391 千
版　　　次	2015 年 2 月第 1 版
印　　　次	2018 年 7 月第 3 次
书　　　号	ISBN 978-7-5643-3765-0
定　　　价	36.00 元

前　言

AutoCAD 是目前国内外使用最为广泛的计算机辅助设计软件之一。自从美国 Autodesk 公司 1982 年开发第一个版本 AutoCAD 1.0 以来，至今已发展到 AutoCAD 2014 版。其丰富的绘图功能和良好的用户界面受到了广大工程技术人员的普遍欢迎，在建筑、机械、汽车等行业都有广泛的应用。

根据高等职业教育和中等职业教育的特点，为适应职业教育"以能力为本位、以就业为导向"的培养目标，本书采用项目教学和任务驱动的方式强化训练，形成教、学、练紧密结合，力争为企业培养高素质、高技能的机械工程图纸绘制人员。

本书在编写时，以任务引入的形式，将知识点和绘图技能融入任务中，遵循用户的学习认知规律，使用户在完成任务过程中即掌握绘图方法和技能。同时，本书各项目配备针对性强的操作与练习题，其中图例多选自制图员考试题库，具有典型性和可操作性。

本书由宁波第二技师学院俞挺、黄浙剑任主编，四川省绵阳财经学校徐洪池、象山港高级技工学校刘敏、北部湾职业技术学校吴世萍、宁波第二技师学院朱秋青、吴晓庆任副主编。其中俞挺编写了项目一、二，徐洪池编写了项目三，刘敏编写了项目四，吴晓庆编写了项目五，吴世萍编写了项目六，朱秋青编写了项目七，黄浙剑编写了项目八。最后，俞挺对全书进行了统稿。浙江省宁海县第一职业高级中学应龙泉、宁波第二技师学院张武剑，对全书进行审订并提出了宝贵的意见。在本书编写过程中还得到了葛宁黎、徐涌波、陈元峰、张忠林、吴斌、蔡成振、朱战捷、吕鸣几、任国荣、孙仲兴、应钏钏、金海滨、马亚娜、岑磊、陈丽娜、原俊卿、徐建良、温咏、朱贤峰、戴鲁科、陈华、陈军、石宏汶等老师的建议和帮助，在这里表示感谢。

由于时间仓促，书中不妥和疏漏之处在所难免，恳请读者批评指正。

编　者
2014 年 11 月

目　录

项目一 AutoCAD 的基本概念

你想做一个高效率的设计人员么？请在你的计算机上安装 AutoCAD 2014 中文版，跟随本项目内容，来初步认识 AutoCAD 2014 的神奇功能。本项目学习 AutoCAD 2014 绘图的基本知识，了解 AutoCAD 2014 的基本功能和操作环境，熟悉各种命令的执行方法，界面操作方法以及新建、打开和保存图形文件的方法等，为后续的系统学习做好必要的准备。

▰ 知识目标

理解 AutoCAD 软件界面组成及各元素功能。
掌握 AutoCAD 命令激活和执行方式。
掌握 AutoCAD 文件操作。

▰ 技能目标

学会启动 AutoCAD 软件。
认识 AutoCAD 用户界面。
学会使用菜单和工具栏的方法。
学会在命令行输入 AutoCAD 命令。
学会设置图形界限。
学会设置图层。
遇到问题会使用 AutoCAD 的帮助文件予以解决。

任务一 界面介绍设置及文件操作

任务导入

AutoCAD 是由美国 Autodesk 公司开发的通用计算机辅助绘图软件，具有易于掌握、使用方便、体系结构开放等特点，深受广大工程技术人员的欢迎。作为辅助设计的 CAD 软件，能够快速绘制二维图形和三维图形、尺寸标注、渲染图形和输入图形，彻底改变了传统的手工绘图模式，使工程技术人员从繁重的手工绘图中解放出来，极大地提高了设计效率和绘图质量。AutoCAD 2014 是至今为止最新的版本，现在就来认识一下 AutoCAD 2014 绘图软件。

任务分析

首先对 AutoCAD 2014 的基本操作来进行简单学习。

知识链接

一、AutoCAD 2014 的基本操作

1. 启动方式

方法 1：双击桌面快捷方式图标 。

方法 2：选择"开始"—"程序"—Autodesk—AutoCAD 2014-简体中文（Simplified Chinese），即可启动 AutoCAD 2014，如图 1.1-1 所示。

方法 3：双击.dwg、dwt 等图形文件。

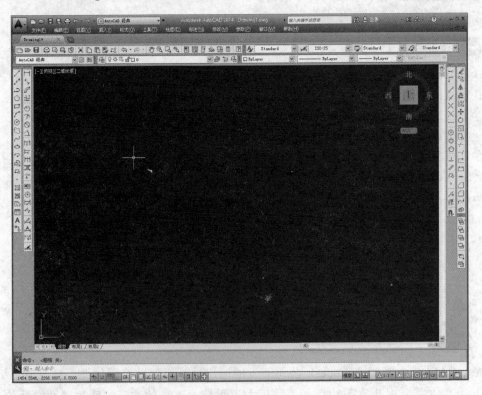

图 1.1-1

2. 新建图形文件

方法 1：选择"文件"—"新建"选项。

方法 2："标准"工具栏单击"新建"按钮。

方法 3：单击"应用程序"按钮，打开应用程序菜单，选择"新建"命令。

3. 打开已有图形文件

方法 1：文件—打开，弹出"选择文件"对话框。

方法 2："标准"工具栏，单击"打开"按钮。

方法 3："应用程序"，打开程序菜单。

4. 保存文件

方法 1：文件—保存。

方法 2："标准工具栏"，单击"保存"按钮。

方法 3："应用程序"按钮，选择"保存"命令。

5. 退出方式

方法 1：菜单栏"文件"—"退出"。

方法 2：左键点击绘图窗口右上角"关闭"按钮。

执行"关闭"命令后，如果当前图形没有存盘，系统弹出 AutoCAD 警告对话框，如图 1.1-2 所示，询问是否保存文件。

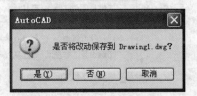

图 1.1-2

二、AutoCAD 2014 工作空间设置

启动 AutoCAD 2014 后，可以根据设计需要或是个人喜好选择相应的工作空间。所谓工作空间是由分组的菜单、工具栏、选项板和功能区控制面板组合成的集合，它可以使用户在专门的、面向任务的绘图环境中工作。

系统提供的工作空间有"草图与注释"、"三维基础"、"三维经典"、"AutoCAD 经典"等，用户可以通过工具栏进行切换，如图 1.1-3 所示。

要在四种工作空间模式中进行切换，只需在"快速访问"工具栏选择"显示菜单栏"命令，在弹出的菜单中选择"工具栏"—"工作空间"—"AutoCAD 经典"或其他命令，如图 1.1-4 所示，或在状态栏中单击"切换工作空间"按钮，如图 1.1-5 所示，在弹出的快捷菜单中选择相应的命令即可。

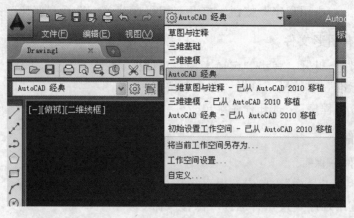

图 1.1-3

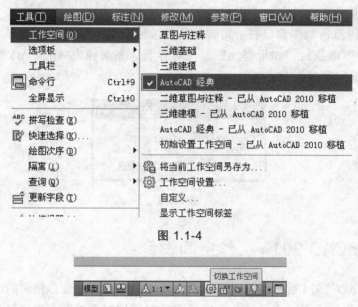

图 1.1-4

图 1.1-5

1."草图与注释"工作空间

启动 AutoCAD 2014 后,系统默认进入"草图与注释"工作空间,其界面主要由"菜单浏览"按钮、"功能区"选项板、"快速访问"工具栏、文本窗口与命令行、状态行等部件组成,如图 1.1-6 所示。在该空间可以使用"绘图"、"修改"、"图层"、"标注"、"文字"、"表格"等面板来快速便捷地绘制二维图形。

2."三维基础"工作空间

"三维基础"工作空间是特定于三维建模的基础工具。通过工作空间模式,可以切换到"三维基础"工作空间,其界面主要由"菜单浏览器"按钮、"功能区"选项板、"快速访问"工具栏、文本窗口与命令行、状态行等部分组成,如图 1.1-7 所示。在该空间可以使用"创建""编辑""绘图""修改"等面板来快速便捷地绘制三维图形。

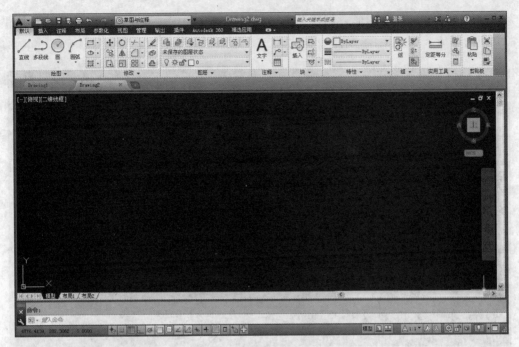

图 1.1-6

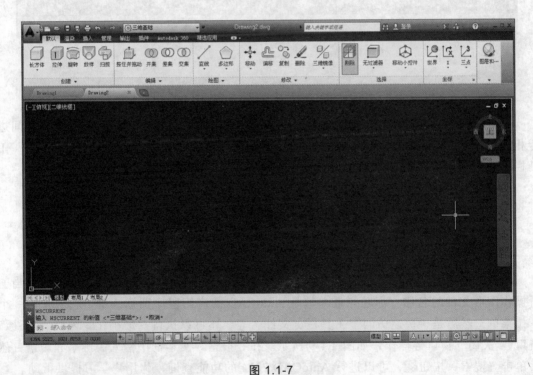

图 1.1-7

3. "三维建模"工作空间

使用"三维建模"工作空间，可以更加方便地在三维空间中绘制图形。在"功能区"选项板中集成了"三维建模""视觉样式""光源""材质""渲染"和"导航"等面板，从而为绘制三维图形、观察图形、创建动画、设置光源、为三维对象附加材质等操作提供了非常方便的环境，如图 1.1-8 所示，即为"三维建模"工作空间。

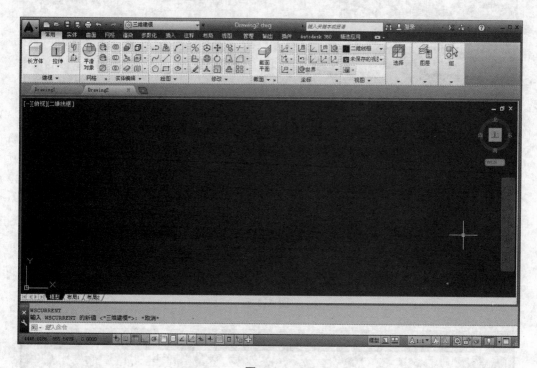

图 1.1-8

4. "AutoCAD 经典"工作空间

对于习惯了 AutoCAD 传统界面的用户来说，可以使用"AutoCAD 经典"工作空间进行相关操作。"AutoCAD 经典"工作空间界面主要由"应用程序"按钮、"快速访问"工具栏、菜单栏、工具栏、绘图窗口与命令窗口、状态栏和相关的选项板等组成。

三、"AutoCAD 2014 经典"工作空间的界面组成

1. 标题栏

标题栏与其他 Windows 应用程序类似，用于显示 AutoCAD 2014 的程序图标以及当前所操作图形文件的名称。标题栏最左边是 AutoCAD 的应用程序图标，单击它会弹出一个下拉菜单，然后是"快速访问"工具栏、文件名等，还可以执行"最小化"窗口、"还原"窗口、"关闭"窗口等操作，如图 1.1-9 所示。在"搜索"文本框中输入关键字和短语，然后单击"搜索"按钮，可以进行 AutoCAD 2014 的功能查询，为用户学习提供帮助。

图 1.1-9

2．菜单栏

菜单栏是主菜单，可利用其执行 AutoCAD 的大部分命令。单击菜单栏中的某一选项，会弹出相应的下拉菜单。图 1.1-10 所示为"视图"下拉菜单。在下拉菜单中，右侧有小三角的菜单选项，表示它还有子菜单。菜单中各名称的右侧有三个小点的菜单选项，表示单击该菜单栏后要显示出一个对话框。右侧没有内容的菜单选项，单击它会执行对应的AutoCAD 命令。此外，单击"应用程序"按钮，打开图 1.1-11 所示的应用程序菜单，可执行一系列操作。

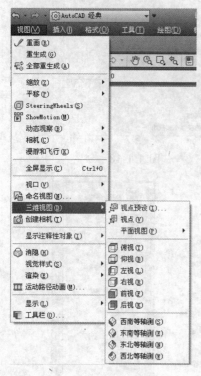

图 1.1-10

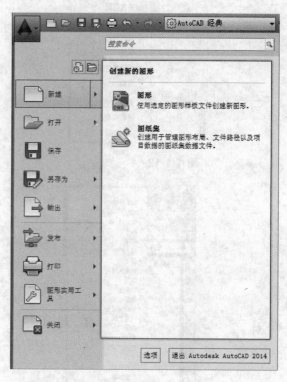

图 1.1-11

3．工具栏

AutoCAD 2014 提供了 40 多个工具栏，每一个工具栏上均有一些形象化的按钮。单击某一按钮，可以启动 AutoCAD 相应的命令。用户可以根据需要打开或关闭任一个工具栏。方法是将鼠标在已有的工具栏上右击，AutoCAD 弹出工具栏快捷菜单，可实现工具栏的打开与关闭。此外，通过"工具"—"工具栏"—AutoCAD 对应的子菜单命令，也可以打开AutoCAD 的各个工具栏。AutoCAD 2014 提供了"快速访问"工具栏，用户可以根据个人操作习惯来重新设置操作环境，其方法是在"快速访问"工具栏中单击下拉按钮，则弹出下拉菜单，如图 1.1-12 所示。

当光标在命令或控件上悬停的时间累积操作一个特定值时，显示补充工具提示，提供有关命令或控件的附加信息，并显示图示说明，如图 1.1-13 所示。

图 1.1-14 所示为 AutoCAD 2014 工具栏快捷菜单，图 1.1-15 所示为工具选项板。

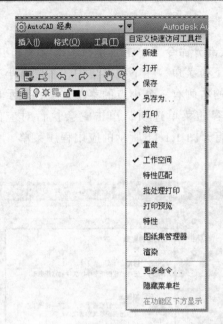

图 1.1-12

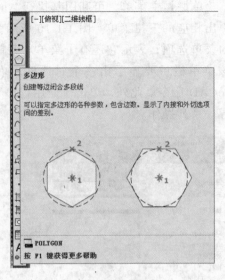

图 1.1-13

图 1.1-14

图 1.1-15

4. 绘图窗口

绘图窗口是用户绘图的工作区域,所有的绘图结果都反映在该窗口中。如果图纸比较大,需要查看未显示部分时,可以单击窗口右边下的滚动条上的箭头按钮,或直接拖动滚动条来移动图纸。

在绘图窗口中，有绘图光标、坐标系图标、ViewCube 工具和视口控制 4 个工具，如图 1.1-16 所示。

[-][俯视][二维线框]
视口控制
北
西
上
东
南
WCS
ViewCube工具栏
绘图区光标
坐标系图标
Y
X
模型
布局1
布局2

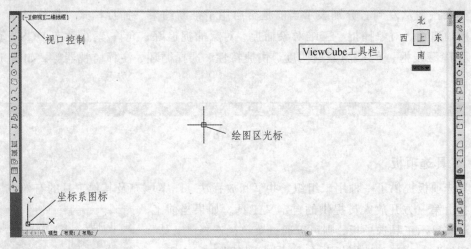

图 1.1-16

（1）绘图区光标：光标进入绘图状态时，在绘图区显示十字光标，当光标移出绘图区指向工具栏、下拉菜单等项时，光标显示为箭头。当光标显示为小方格时，AutoCAD 处于待选状态，可通过单击鼠标直接在绘图工作区域中进行单个对象的选择，或框选多个对象。

（2）坐标系图标：在绘图区域中显示一个图标，它表示矩形坐标系的 *X*、*Y* 轴，该坐标系称为“用户坐标系”，或 UCS。AutoCAD 提供了有世界坐标系（Word Coordinate System，WCS）和用户坐标系（User Coordinate System，UCS）两种坐标系。世界坐标系是默认坐标系。

（3）ViewCube 工具：是一种很方便的控制工具，用来控制三维视图的方向。

（4）视口控制：可以单击以下二个区域中的选项来更改设置。

单击“-”选项：可以显示选项，用于最大化视口、更改视口配置或控制导航工具的显示。

单击“俯视”选项，可在几个标准和自定义视图之间选择。

单击“二维线框”选项，选择一种视觉样式。

5. **命令窗口**

命令窗口是 AutoCAD 显示用户从键盘输入命令和显示 AutoCAD 提示信息的地方。默认时，AutoCAD 在命令窗口保留最后三行所执行的命令或提示信息。用户可以通过拖动窗口边框的方式改变命令窗口的大小，使其显示多于三行或少于三行的信息。可用【F2】键打开命令窗口。

命令：指定对角点或 [栏选(F)/圈围(WP)/圈交(CP)]:
命令：指定对角点或 [栏选(F)/圈围(WP)/圈交(CP)]:
命令：指定对角点或 [栏选(F)/圈围(WP)/圈交(CP)]:
命令：指定对角点或 [栏选(F)/圈围(WP)/圈交(CP)]:
键入命令

图 1.1-17

6. 状态栏

状态栏用于显示或设置当前的绘图状态。位于状态栏左侧的一组数字反映当前光标的坐标，其余按钮从左到右分别表示当前是否启用了推断约束、捕捉模式、栅格显示、正交模式、极轴追踪、对象捕捉、三维对象捕捉、对象捕捉追踪、允许/禁止动态 UCS、动态输入、显示/隐藏线框、显示/隐藏透明度、快捷特性、选择循环、注释监视器等，如图 1.1-18 所示。

367.5449, 81.5880 , 0.0000

图 1.1-18

7. 工具选项板

工具选项板提供了一种用来组织、共享和放置块、图案填充及其他工具的有效方法。还可以包含由第三方开放人员提供的自定义工具。如果当前工作界面没有显示工具选项板，则可以通过菜单栏选择"工具"—"选项板"—"工具选项板"命令，打开如图 1.1-15 所示的工具选项板，它可以在某些设计场合大大提高设计的效率。

8. 图纸集管理器

图纸集是几个图形文件中图纸的有序集合。将图形整理到图纸集后，可以将图纸集作为包进行发布、传递和归档。图纸集管理器中有多个用于创建图纸和添加视图的选项，这些选项可通过快捷菜单或选项卡按钮进行访问。

如果用户想要在当前工作界面显示如图 1.1-19 所示的"图纸集管理器"窗口，需要在菜单中选择"工具"—"工具选项卡"—"图纸集管理器"命令。

图 1.1-19

（1）启动 AutoCAD 2014，进入经典空间。

（2）设置工具栏，显示标注工具条、绘图工具条、对象捕捉工具条、修改工具条放置在适当位置。

（3）保存文件名为"经典空间"，文件类型为 AutoCAD 2014/LT CAD 2014 图形。

	经典空间（50%）	工具栏设置（50%）	成绩
得分			

任务小结

通过本任务的学习，可以初步了解和掌握 AutoCAD2014 界面介绍设置及文件操作，为后续的操作打下基础。

操作与练习

启动 AutoCAD 2014，进入经典空间，设置工具栏，显示建模工具条、曲面编辑工具条放在适当位置。关闭绘图工具条、修改工具条。保存文件名为"认识 CAD"，文件类型为 AutoCAD 图形样板（*dwt）。

任务二 二维绘图环境的设置

按以下要求完成绘图系统配置并创建样板文件。

（1）新建文件，并且将图形界限设置为 420×297。

（2）打开对象捕捉、标注工具栏、修改背景颜色为白色、调整绘图光标为最大。

（3）设置栅格间距为 100，启动中点、切点、圆心捕捉，设置极轴增量角为 30°。

（4）设置一张标准 A4 竖放图纸，设置图形界限，绘图单位，创建如下图层：

    A. 中心线图层 ZXX，线型 Center2，线宽 0.25 mm，颜色为红色。

    B. 标注线图层 BZX，线型 Continuous，线宽 0.25，颜色为绿色。

    C. 虚线图层 XX，线型 Dashed2，线宽 0.25，颜色为紫色。

    D. 粗实线图层 CCX，线型 Continuous，线宽 0.5，颜色为白色。

    E. 细实线图层 XSX，线型 Continuous，线宽 0.25，颜色为黄色。

（5）保存文件，命名为"模板"。

在每个企业中对设计部的 AutoCAD 模板有一定的要求和规定，这就是样板文件。设置样板文件的背景色、图层、绘图单位、绘图界限、各种辅助工具的设置等，以及设置图纸的大小和标准要求。

一、选项卡

1. "显示"选项卡

"显示"选项卡用于控制 AutoCAD 2014 窗口的外观。用户可设定屏幕菜单、工具栏提示、滚动条显示、布局设置、显示分辨率、绘图窗口颜色、光标大小等。

单击"显示"对话框中的"显示"选项卡中的"颜色"按钮，如图 1.2-1 所示，则打开"图形窗口颜色"对话框，可以进行背景颜色设置，如图 1.2-2 所示。然后单击"应用并关闭"按钮。

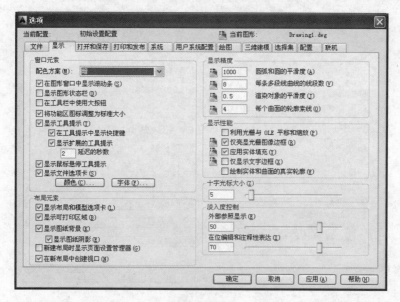

图 1.2-1

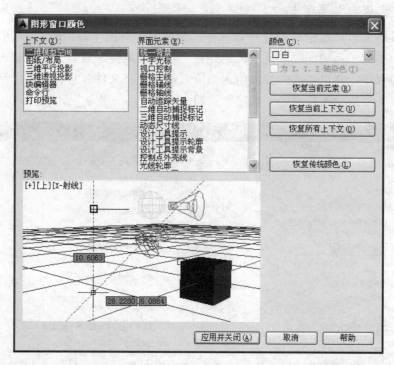

图 1.2-2

2. "绘图"选项卡

选择"选项"对话框中的"绘图"选项卡，可以进行"自动捕捉"设置、"AutoTrack"设置等。在"自动捕捉标记大小"选项组中，用鼠标拖动滑块，即可改变绘图时捕捉标记大小和颜色，并可以根据需要进行自动捕捉和自动追踪设置，调整靶框大小，如图 1.2-3 所示。

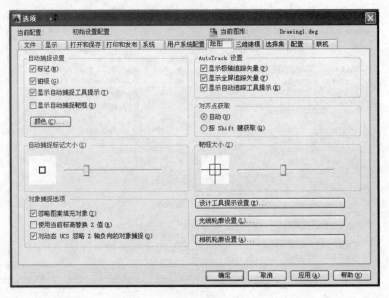

图 1.2-3

3."打开和保存"选项卡

选择"选项"对话框中的"打开和保存"选项卡，如图 1.2-4 所示，选中"文件安全措施"选项组中的"自动保存"复选框，并在"保存间隔分钟数"文本框输入参数值，在以后的绘图过程中，将以输入的参数值为间隔时间自动将文件存盘，还可以对保存的文件类型进行设置，完成设置后单击"确定"按钮。

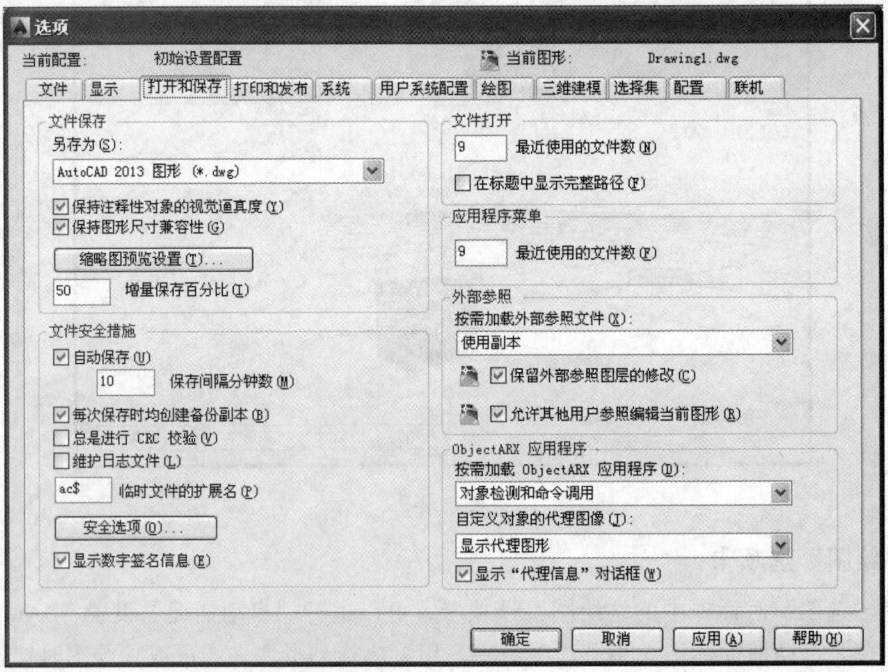

图 1.2-4

二、绘图界限

绘图界限是指在模型空间中设置一个想象的矩形绘图区域。绘图界限用于确定栅格的显示区域，如图 1.2-5 所示。

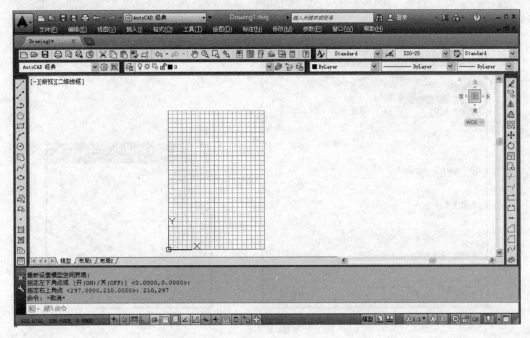

图 1.2-5

1. 命令调用

方法 1："格式"—"图形界限"命令。

方法 2：命令 Limits。

执行命令后，命令行提示如下：

指定左下角点或 [开(ON)/关(OFF)] <0.0000,0.0000>：

指定右上角点 <420.0000,297.0000>：

2. 命令功能

"开（ON）"或"关（OFF）"是用户可以决定能否在图线之外指定一点。选择"开（ON）"选项，将打开图形检查，用户不能在图形界限之外结束一个对象，也不能使用"移动"、"复制"等命令将图形移到图形界限以外。选择"开（OFF）"选项（默认值），AutoCAD 将禁止界限检查，用户可以在界限之外工作。

三、绘图单位

在 AutoCAD 中，可以采用 1∶1 的比例因子绘图。所有的直线、圆和其他对象都可以以真实大小绘制，在打印出图时再将图形按图纸大小进行缩放。

命令调用如下：

方法 1："格式"—"单位"命令。

方法 2：命令 Units。

执行命令后，打开"图形单位"对话框来设置绘图时使用的长度单位、角度单位以及单位的显示格式和精度等参数，如图 1.2-6 所示。

图 1.2-6

四、图层设置

图层是 AutoCAD 提供的一个管理图形对象的工具，一个图层如同一张透明纸，且各层之间的坐标基点完全对齐。绘图时应先创建几个图层，每个图层设置不同的颜色和线型，如果把图形的轮廓线、中心线、尺寸线标注分别画在不同的图层上，然后把不同的图层堆叠在一起成为一张完整的视图，这样可使图层层次分明、条理清晰，方便图形对象的编辑和管理。

1. 建立图层

命令调用有三种方法：

方法 1："格式"—"图层"命令。

方法 2："图层"工具栏：单击"图层"按钮 。

方法 3：命令 LA。

打开"图层"命令后，打开"图层特性管理器"窗口，如图 1.2-7 所示。

2. 创建新图层

方法 1：单击"新建图层"按钮 ，"图层 1"即显示在列表中。

方法 2：选中某一图层，右击，在弹出的菜单中选择"新建图层命令"。

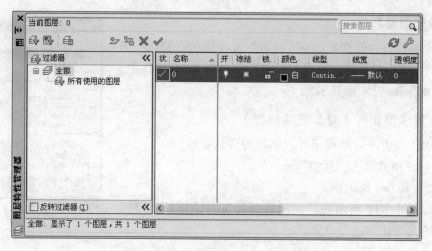

图 1.2-7

在默认情况下，新建图层与当前图层的状态、颜色、线性、线宽等设置相同。用户最多可以建立 256 个图层。

3. 设置图层颜色

在 AutoCAD 中，设置图层颜色的作用主要在于区分对象的类别，因此，在同一图形中，不同对象可以使用不同的颜色。在"图层特性管理器"窗口中单击"颜色"选项，打开"选择颜色"对话框，如图 1.2-8 所示，可在"索引颜色"选项卡中设置图层颜色。

4. 设置图层线型

单击"图层特性管理器"中"线型"选项卡 Continuous，打开"选择线型"对话框，如图 1.2-9

图 1.2-8

所示，系统默认的线型只有一种，单击"加载"按钮，打开如图 1.2-10 所示"加载或重载线型"对话框，从中可以选择需要的线型。

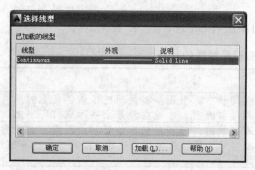

图 1.2-9

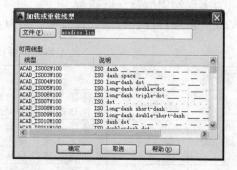

图 1.2-10

5. 设置图层线宽

单击"图层特性管理器"中"线宽"选项中的"默认"选项，打开"线宽"对话框，如图 1.2-11 所示。在 AutoCAD 中，线宽大于 0.3 mm 时才能显示。

图 1.2-11

6. 设置线型比例（对非连续线型）

线型比例设置的命令调用有以下两种方法：

方法 1："格式"—"线型"。

方法 2：命令 Linetype。

打开如图 1.2-12 所示的"线型管理器"对话框后，可以对图形中的线型比例进行设置。

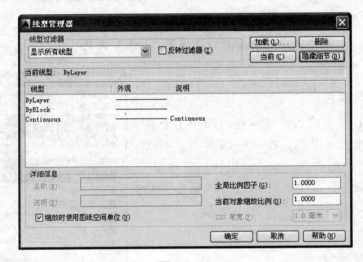

图 1.2-12

7. 管理图层

在"图层特性管理器"窗口中，不仅可以创建图层，设置图层颜色、线型、线宽，还可以对图层进行更多的设置和管理。

（1）控制图层特性的状态

在"图层特性管理器"窗口中，可以控制图层特性的状态，见表 1.2-1。

表 1.2-1　可以控制图层特性的状态

图　标	名　称	功　能
♀ / ♀	打开/关闭	将图层设置为打开或关闭状态。当图层被关闭时，该图层上的所有对象将隐藏不显示，只有图层打开时，才能在屏幕上显示或打印出来
☼ / ❄	解冻/冻结	将图层设置为解冻或冻结状态。当图层被冻结时，该图层上的所有对象均不能在屏幕上显示或打印，且不能执行重生成、缩放、平移等操作。冻结图层可以加快运行速度
🔓 / 🔒	解锁/锁定	将图层设定为解锁或锁定状态。被锁定的图层，可以在屏幕上显示，但不可以编辑、修改。锁定对象可以避免误操作
🖨 / 🖨	打印/不打印	设定该图层是否可以打印图形

（2）切换当前层

方法 1：在"图层特性管理器"窗口中选中某一图层，单击"置为当前"按钮✔；或右击，在弹出的菜单中选择"置为当前"选项。

方法 2：在"图层"工具栏的下拉列表框中，选中某一图层即可，如图 1.2-13 所示。

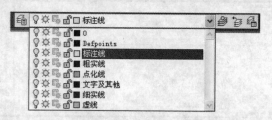

图 1.2-13

（3）删除图层

方法 1：在"图层特性管理器"窗口中选中某一图层，单击"删除图层"按钮✖即可。

方法 2：选中要删除的图层，右击，在弹出的菜单中选择"删除图层"选项。

注：用户不能删除当前图层、0 图层、依赖外部参考的图层或包含对象的图层。另外，被块定义参考的图层以及包含名字为"定义点"的特殊图层，即使不包含可见对象也不能被删除。

（4）过滤图层

当图形中包含大量图层时，可单击"图层特性管理器"窗口中的"新建特性过滤器"按钮🖳来过滤图层，其包括"状态"、"名称"、"颜色"、"线型"、"线宽"等过滤条件。

（5）改变对象所在图层

选中对象，并在"图层"工具栏的图层控制下拉表框中选择预设图名，然后按 Esc 键即可。

步骤 1：设置图形界限。新建文件，并且将图形界限设置为 210×297，如图 1.2-14 所示。

图 1.2-14

步骤 2：打开对象捕捉、标注工具栏、修改背景颜色为白色、调整绘图光标为最大，如图 1.2-15 所示。

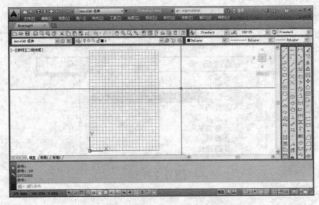

图 1.2-15

步骤 3：设置栅格间距为 5，启动中点、切点、圆心捕捉，设置极轴增量角为 30°，如图 1.2-16 所示。

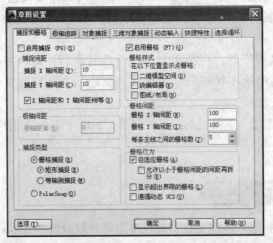

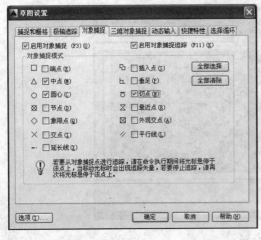
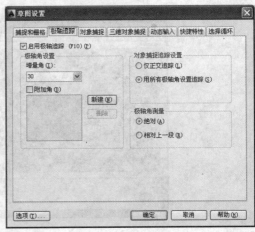

图 1.2-16

步骤 4：设置图层，如图 1.2-17 所示。

A. 中心线图层 ZXX，线型 Center2，线宽 0.25 mm，颜色为红色。

B. 标注线图层 BZX，线型 Continuous，线宽 0.25，颜色为绿色。

C. 虚线图层 XX，线型 Dashed2，线宽 0.25，颜色为紫色。

D. 粗实线图层 CSX，线型 Continuous，线宽 0.5，颜色为白色。

E. 细实线图层 XSX，线型 Continuous，线宽 0.25，颜色为黄色。

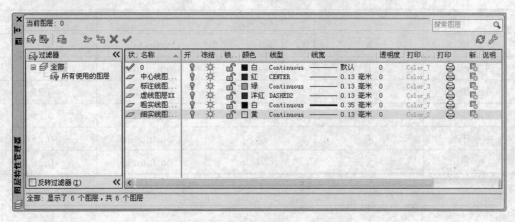

图 1.2-17

步骤 5：保存文件，命名为"模板"，"文件类型"为"AutoCAD 图形样板（.dwt）"。

任务评价

	图形界限（20%）	辅助工具设置（20%）	栅格（10）	图层（50%）	成绩
得分					

任务小结

通过本任务的学习，可以轻松地掌握对绘图前的 AutoCAD 设置，为后面的绘图做准备。

操作与练习

创建图层、控制图层的图层状态、将图形对象修改到其他图层上，并改变对象的颜色及线型等。

（1）参照表 1.2-2 创建图层。

（2）切换到轮廓线层，单击"绘图"面板上的 ╱ 按钮，任意绘制几条直线，然后将这几条直线修改到中心线层上。

（3）通过"特性"面板上"颜色控制"下拉列表框把"尺寸标注"修改为蓝色。

（4）通过"特性"面板上"线型控制"下拉列表框将轮廓线的线型修改为 Dashed2。

（5）将轮廓线的线框修改为 0.7。

（6）关闭或冻结尺寸标注。

表 1.2-2

用 途	层 名	颜 色	线 型	线 宽/mm
轮廓线	0	黑/白	Continuous	0.5
细实线	1	黑/白	Continuous	0.25
虚 线	2	蓝	Dashed2	0.25
中心线	3	红	Center2	0.25
尺寸标注线	4	绿	Continuous	0.25
文 字	5	青	Continuous	0.25

项目二　基本的二维绘图命令

在本项目中，学习二维绘图的基本命令，通过学习直线、圆、椭圆、矩形、正多边形、构造线、多段线、点等命令的学习，可以绘制标准的二维图形。

知识目标

掌握直线、圆的功能和类型。

理解正多边形、构造线、多段线等的含义。

掌握直角坐标与极坐标、绝对坐标和相对坐标的概念。

技能目标

能掌握直线的各种绘制方法。

掌握圆的三种绘制方法。

掌握其他基本二维命令如椭圆、矩形、正多边形、构造线、多段线、点等的绘制方法。

子项目一　直线命令及运用

任务一　滑槽块的绘制——学习利用点的坐标画直线命令

任务导入

1. 绘图任务

设置相关的绘图环境，利用点的坐标命令绘制如图 2.1.1-1 所示的滑槽块图形。

2. 绘图要求

（1）以自己的姓名加学号命名建立文件夹。

（2）将图形界限设置为 200×200，并设置如下图层：

标注线图层 BZX，线型 Continuous，线宽 0.25，颜色为绿色。

粗实线图层 CCX，线型 Continuous，线宽 0.5，颜色为白色。

（3）按绘图方式要求及尺寸抄画滑槽块，并以"滑槽块"为名存入刚才建立的文件夹。

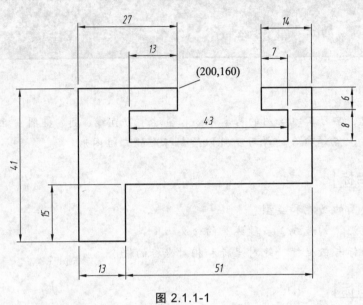

图 2.1.1-1

滑槽块图形有一绝对坐标点（200，160），所以绘图应从该点开始入手，利用坐标和尺寸间的相对关系进行绘图。

1. 用点的绝对坐标输入法绘制直线

单击"绘图"工具栏中的（直线）按钮，输入直线端点坐标值，按 Enter（回车）键；输入直线坐标终点值，按 Enter 键。

2. 用点的相对坐标输入法绘制直线

关闭"⊡"即关闭动态输入，单击"绘图"工具栏中的（直线）按钮，输入直线端点坐标值，按 Enter 键；输入"@"+以端点为原点的终点坐标值。

单击"绘图"工具栏中的（直线）按钮，或选择"绘图"/"直线"命令，即执行 Line

命令，AutoCAD 提示如下：

命令：Line

指定第一个点：200,160（输入点的绝对坐标）

指定下一点或 [放弃（U）]：@－27,0（输入相对坐标，下同）

指定下一点或 [放弃（U）]：@0,－41

指定下一点或 [闭合（C）/放弃（U）]：@13,0

指定下一点或 [闭合（C）/放弃（U）]：@0,15

指定下一点或 [闭合（C）/放弃（U）]：@51,0

指定下一点或 [闭合（C）/放弃（U）]：@0,26

指定下一点或 [闭合（C）/放弃（U）]：@－14,0

指定下一点或 [闭合（C）/放弃（U）]：@0,－6

指定下一点或 [闭合（C）/放弃（U）]：@7,0

指定下一点或 [闭合（C）/放弃（U）]：@0,－8

指定下一点或 [闭合（C）/放弃（U）]：@－43,0

指定下一点或 [闭合（C）/放弃（U）]：@0,8

指定下一点或 [闭合（C）/放弃（U）]：@13,0

指定下一点或 [闭合（C）/放弃（U）]：C（封闭图形）

	图层设置（10%）	图形界限设置（10%）	图形绘制（80%）	成绩
得分				

利用两点成线的原理，通过两点的确定绘制直线，并且可以用相对坐标@的功能，提高画图技巧，加深坐标的位置关系。

操作与练习

利用点的坐标画直线命令，抄画如下图例。

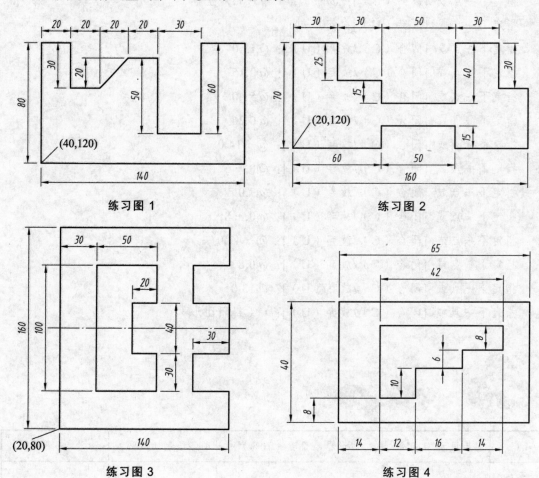

练习图 1

练习图 2

练习图 3

练习图 4

任务二 角铁块的绘制——学习利用栅格捕捉画直线命令

任务导入

1. 绘图任务

设置相关的绘图环境，绘制如图 2.1.2-1 所示的角铁块图形。

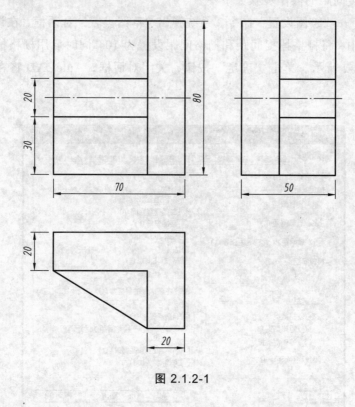

图 2.1.2-1

2. 绘图要求

（1）以自己的姓名加学号命名建立文件夹。

（2）将图形界限设置为 200×200，并设置如下图层：

中心线图层 ZXX，线型 Continuous，线宽 0.25，颜色为绿色。

粗实线图层 CCX，线型 Continuous，线宽 0.5，颜色为白色。

（3）按绘图方式要求及尺寸抄画角铁块，并以"角铁块"为名存入刚才建立的文件夹。

任务分析

角铁块三视图中的各个视图均为简单的直线构成，且图形中的尺寸均为 10 的倍数。因此，利用 AutoCAD 2014 的栅格捕捉和栅格显示功能，不需要输入坐标值就能很方便地确定各直线的端点位置。

知识链接

设置栅格捕捉间距的操作步骤如下：

选择"工具"—"绘图设置"命令，系统弹出"草图设置"对话框，在该对话框的"捕捉和栅格"选项中，将栅格捕捉间距和栅格间距设置为 10，同时启用栅格捕捉与栅格显示功能，如图 2.1.2-2 所示。单击"确定"按钮，关闭对话框，AutoCAD 将在屏幕上显示栅格线。

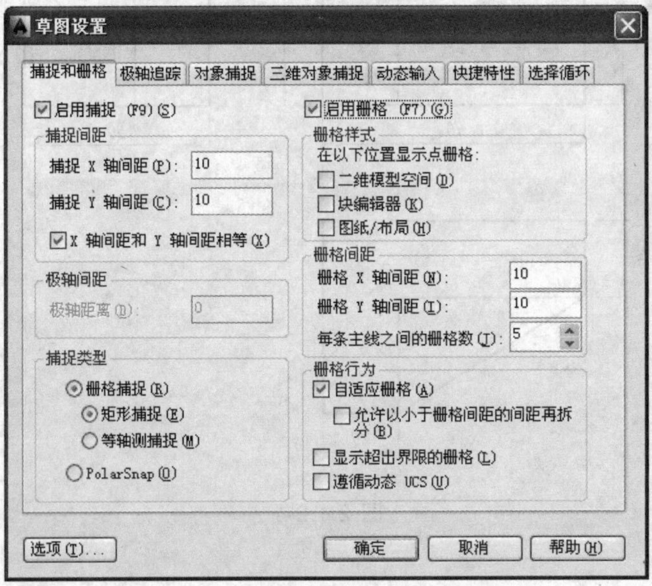

图 2.1.2-2

注：通过单击状态栏上的▦（栅格显示）和▦（捕捉模式）按钮，可以分别实现是否启用栅格捕捉和栅格显示功能之间的切换，按钮为蓝色时启用对应的功能。在状态栏的▦（栅格显示）和▦（捕捉模式）按钮上右击，从弹出的快捷菜单中选择"设置"命令，也可以打开如图 2.1.2-2 所示的"草图设置"对话框。

步骤 1：设置图层及图形界限。设置标注线图层 BZX，线型 Continuous，线宽 0.13，颜色为绿色；粗实线图层 CCX，线型 Continuous，线宽 0.35，颜色为白色；并且将图形界限设置为 200×200。

步骤 2：单击状态栏上的▦（栅格显示）和▤（捕捉模式）按钮按，启用栅格捕捉和栅格显示功能。

步骤 3：根据尺寸要求利用栅格捕捉和显示绘制角铁块。

步骤 4：以"角铁块"为名存入刚才建立的文件夹。

	图层设置（10%）	图形界限（10%）	栅格显示与捕捉（10%）	图形绘制（70%）	成绩
得分					

通过利用栅格绘制图形可以很标准地绘出图形的尺寸，减少对尺寸的绘制误差。

操作与练习

利用栅格捕捉画直线命令，抄画如下图例。

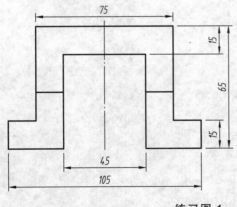
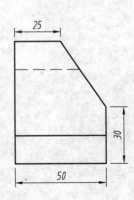

练习图 1

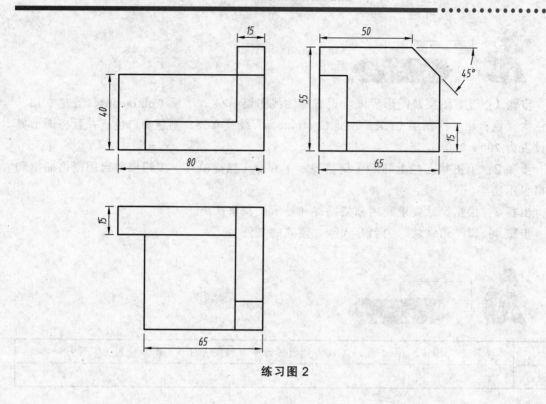

练习图 2

任务三 弓形块的绘制——学习利用正交模式画直线命令

任务导入

1. 绘图任务

设置相关的绘图环境，绘制如图 2.1.3-1 所示的弓形块图形。

2. 绘图要求

（1）以自己的姓名加学号命名建立文件夹。

（2）将图形界限设置为 300×300，并设置如下图层：

标注线图层 BZX，线型 Continuous，线宽 0.25，颜色为绿色。

粗实线图层 CCX，线型 Continuous，线宽 0.5，颜色为白色。

（3）按绘图方式要求及尺寸抄画弓形块，并以"弓形块"为名存入刚才建立的文件夹。

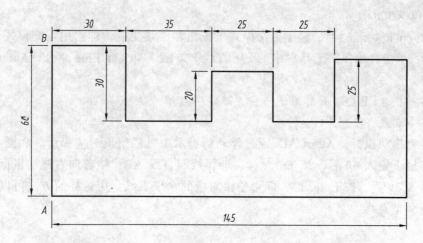

图 2.1.3-1

任务分析

对于图形简单并且图形轮廓线与 X 轴或 Y 轴平行的图形，还可以利用正交模式绘制图形。

正交模式的设置

通过单击状态栏上的 ▣（正交模式）按钮，可以在是否启用正交模式之间切换，按钮为蓝色时启用对应的功能。启用正交模式后，用户通常只能绘制与坐标系的 X 轴和 Y 轴平行的直线。当确定直线的起始点后，沿 X 轴方向拖动鼠标，可绘制与 X 轴平行的直线；沿 Y 轴方向拖动鼠标，则可绘制与 Y 轴平行的直线。通过拖动鼠标的方式确定了所绘制直线的方向后，可以直接输入直线的长度来确定其另一端点。

注：（1）可用快捷键 F8 来实现正交模式的启用。

（2）一般应通过状态栏上的 ▣（动态输入）按钮关闭动态输入功能。

步骤 1：设置图层及图形界限。设置标注线图层 BZX，线型 Continuous，线宽 0.13，颜色为绿色；粗实线图层 CCX，线型 Continuous，线宽 0.35，颜色为白色；并且将图形界限设置为 300×300。

步骤 2：单击状态栏上的 ▣（正交模式）按钮，使其变蓝，即启用正交模式。

步骤 3：单击"绘图"工具栏中的 ▣（直线）按钮，即执行 Line 命令，AutoCAD 提示如下：

指定第一个点:（在绘图屏幕适当位置确定一点作为 A 点）

指定下一点或 [放弃（U）]:

此时向上拖动鼠标，AutoCAD 通过浮动的提示工具栏给出对应提示。如图 2.1.3-2 所示，在状态栏下输入 60 后，按 Enter 键，即可绘制直线 AB；接着向右拖动鼠标，给出对应提示，输入 30 后，按 Enter 键，即可绘出对应的水平直线。用这样的方法可以依次绘制其他水平线和垂直线。

图 2.1.3-2

步骤 4：以"弓形块"为名存入刚才建立的文件夹。

任务评价

	图层设置（10%）	图形界限（10%）	正交模式启用（10%）	图形绘制（70%）	成绩
得分					

任务小结

通过正交模式可以防止倾斜的斜线，用于竖直或水平图形的绘制。

操作与练习

利用正交模式画直线命令，抄画如下图例。

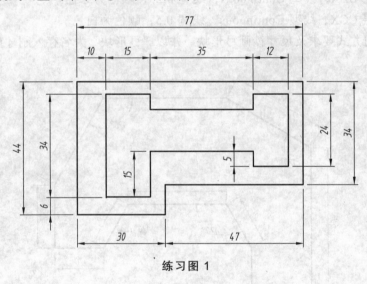

练习图 1

任务四　弓形块的绘制——学习利用极轴追踪画直线命令

1. 绘图任务

设置相关的绘图环境，绘制如图 2.1.4-1 所示的拱形块图形。

2. 绘图要求

（1）以自己的姓名加学号命名建立文件夹。

（2）将图形界限设置为 300×300，并设置如下图层：

标注线图层 BZX，线型 Continuous，线宽 0.25，颜色为绿色。

粗实线图层 CCX，线型 Continuous，线宽 0.5，颜色为白色。

（3）按绘图方式要求及尺寸抄画弓形块，并以"弓形块"为名存入刚才建立的文件夹。

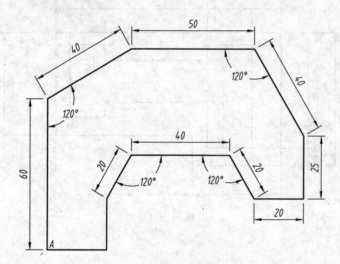

图 2.1.4-1

对于此图形中有很多角度，且角度为 30°的倍数。可先设置极轴追踪增量角为 30°，再绘制图形。

知识链接

极轴追踪增量角的设置

选择"工具"—"绘图设置"命令打开"草图设置"对话框。在该对话框的"极轴追踪"选项卡中，将极轴追踪增量角设置为30°；将"对象捕捉追踪设置"设置为"用所有极轴角设置追踪"，同时选中"启用极轴追踪"复选框，如图2.1.4-2所示。

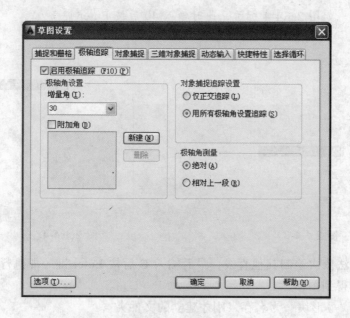

图 2.1.4-2

注：

（1）通过单击状态栏上的 （极轴追踪）按钮，可以在是否启用极轴追踪功能之间切换。在 按钮上右击，从弹出的快捷键菜单中选择"设置"命令，也可弹出如图2.1.4-2所示的"草图设置"对话框。

（2）若图形中角度类型变化多，可用相对极坐标绘制各类斜线。例如，端点已确定，终点可以用相对极坐标@100<21确定，最终绘制出的是一条长度为100，与水平线成21°的直线段。

任务实施

步骤1： 设置图层及图形界限。设置标注线图层BZX，线型Continuous，线宽0.13，颜色为绿色；粗实线图层CCX，线型Continuous，线宽0.35，颜色为白色；并且将图形界限设置为 300×300。

步骤 2：设置极轴追踪增量角。右键单击状态栏上的 （极轴追踪）按钮，弹出"草图设置"，启用极轴追踪，并且设置极轴增量角为 30°。

步骤 3：单击"绘图"工具栏中的 （直线）按钮，即执行 Line 命令，AutoCAD 提示如下：

指定第一个点：（拾取 A 点）

指定下一点或 [放弃（U）]：（在该提示下向上拖动鼠标，AutoCAD 浮动响应的标签，如图 2.1.4-3 所示，此时输入 60 后按 Enter 键）

指定下一点或 [放弃（U）]：（在该提示下向右上方拖动鼠标，AutoCAD 会沿 30°方向浮出相应的标签，如图 2.1.4-4 所示，此时输入 40 后按 Enter 键）

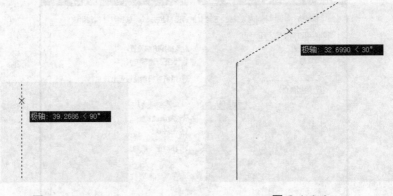

图 2.1.4-3　　　　　　　　　　图 2.1.4-4

用同样的方法依次绘制其他直线，最后输入 C 后按 Enter 键（即执行"闭合"选项）封闭直线，即可得到图形。

步骤 4：以"弓形块"为名存入刚才建立的文件夹。

	图层设置（10%）	图形界限（10%）	极轴追踪启用（10%）	图形绘制（70%）	成绩
得分					

利用极轴追踪画直线可以快速地绘制常用斜线，增加绘图效率。

操作与练习

利用极轴追踪画直线线命令，抄画如下图例。

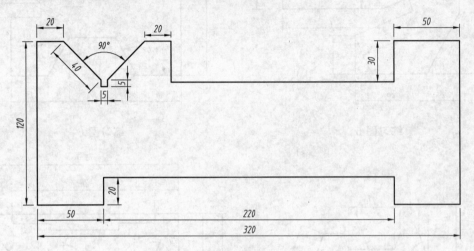

练习图 1

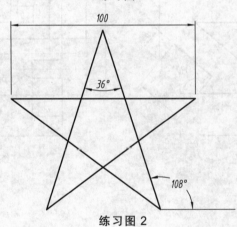

练习图 2

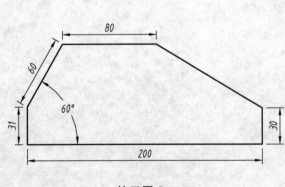

练习图 3

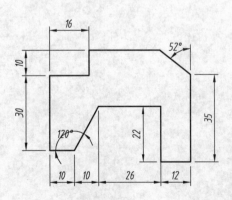

练习图 4

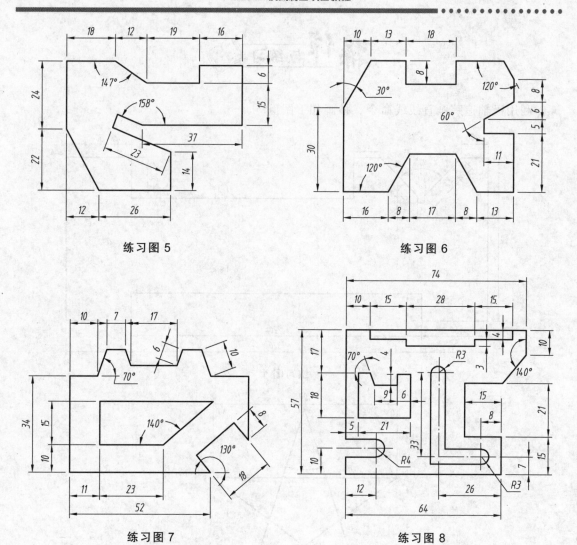

练习图 5

练习图 6

练习图 7

练习图 8

任务五　方块窗的绘制——学习利用对象捕捉画直线命令

任务导入

1. 绘图任务

设置相关的绘图环境，绘制如图 2.1.5-1 所示的方块窗图形。

2. 绘图要求

（1）以自己的姓名加学号命名建立文件夹。

（2）将图形界限设置为 200×200，并设置如下图层：

标注线图层 BZX，线型 Continuous，线宽 0.25，颜色为绿色。

粗实线图层 CCX，线型 Continuous，线宽 0.5，颜色为白色。

（3）按绘图方式要求及尺寸抄画方块窗，并以"方块窗"为名存入刚才建立的文件夹。

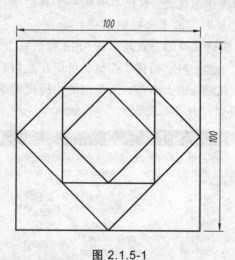

图 2.1.5-1

任务分析

本任务是练习通过对象捕捉功能绘制直线，其两端点为另外直线的中点。

知识链接

对象捕捉的启动与关闭

利用对象捕捉功能，可以在绘图过程中方便、准确地确定一些特殊点，如端点、中点和切点等。当使用对象捕捉功能时，为使绘图操作方便，可以打开如图 2.1.5-2 所示的"对象捕捉"工具栏，或如图 2.1.5-3 所示的"对象捕捉"快捷菜单。

图 2.1.5-2

对于常用的对象捕捉模式，可以打开如图 2.1.5-4 所示的"草图设置"对话框，切换至"对象捕捉"选项卡中的"对象捕捉模式"选项组进行设置，并启用对象捕捉功能（选中"启用对象捕捉"复选框）。启用对象捕捉功能之后，当 AutoCAD 提示确定点且将光标位于可自动捕捉到的点的附近时，AutoCAD 会自动捕捉相应的点。

注：

（1）打开某一工具栏的操作方法是：在已有的任一工具栏中右击，从弹出的快捷菜单中选择对应的工具栏项。

（2）打开"对象捕捉"快捷菜单的方式是：按 Shift 键后右击。

（3）通过单击状态栏上的□（对象捕捉）按钮，可以在是否启用对象捕捉功能之间切换。在□按钮上右击，从弹出的快捷键菜单中选择"设置"命令，也可以打开"草图设置"对话框。

图 2.1.5-3

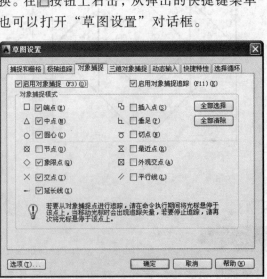

图 2.1.5-4

步骤 1：设置图层及图形界限。设置标注线图层 BZX，线型 Continuous，线宽 0.13，颜色为绿色；粗实线图层 CCX，线型 Continuous，线宽 0.35，颜色为白色；并且将图形界限设置为 200×200。

步骤 2：设置"对象捕捉"。右键单击状态栏上的 ▢（对象捕捉）按钮，弹出"草图设置"进行设置。

步骤 3：绘制 100×100 的正方形。

步骤 4：单击绘图——直线命令，即执行 Line 命令，此时 AutoCAD 提示如下：

指定第一点：（通过捕捉端点的方式确定 A 点的位置：单击"对象捕捉"工具栏中的 ✦（捕捉到端点）按钮）

_mid 于在此提示下将光标放到 A 点附近，AutoCAD 会自动捕捉 A 点，并浮出对应的标签，如图 2.1.5-5 所示。

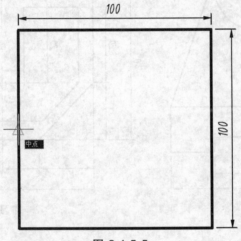

图 2.1.5-5

此时单击鼠标左键，即可将 A 点作为直线的起点，并提示：

指定下一点或[放弃 U]：（确定中点位置：单击"对象捕捉"工具栏中的 ✦（捕捉到端点）按钮）

_mid 于（将光标放到所要找的直线中点附近，当显示出捕捉到中点的标签后单击鼠标左键）

指定下一点或 [放弃（U）]：

用同样的方法依次绘制其他直线，最后输入 C 后按 Enter 键（即执行"闭合"选项）封闭直线，即可得到图形。

步骤 5：以"方块窗"为名存入刚才建立的文件夹。

	图层设置（10%）	图形界限（10%）	对象捕捉（10%）	图形绘制（70%）	成绩
得分					

任务小结

利用对象捕捉来绘制直线,可以快速地捕捉到一些特殊的点,方便并有利于图形的绘制。

操作与练习

利用对象捕捉画直线命令,抄画如下图例。

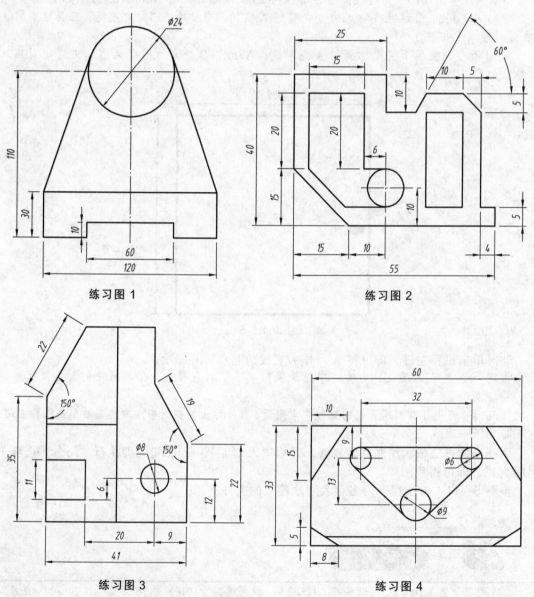

练习图 1　　　　　　　　　　练习图 2

练习图 3　　　　　　　　　　练习图 4

任务六 艺术图形的绘制——学习利用对象捕捉追踪画直线命令

任务导入

1. 绘图任务

设置相关的绘图环境，绘制如图 2.1.6-1 所示的艺术图形。

2. 绘图要求

（1）以自己的姓名加学号命名建立文件夹。

（2）将图形界限设置为 200×200，并设置如下图层：

标注线图层 BZX，线型 Continuous，线宽 0.13，颜色为绿色。

粗实线图层 CCX，线型 Continuous，线宽 0.35，颜色为白色。

（3）按绘图方式要求及尺寸抄画艺术图形，并以"艺术图形"为名存入刚才建立的文件夹。

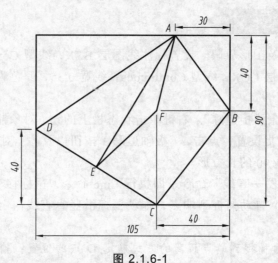

图 2.1.6-1

任务分析

通过对象捕捉追踪功能绘制直线，可大大加快绘图的效率。

知识链接

对象捕捉追踪功能的启用

对象捕捉追踪是对象捕捉与极轴追踪的综合，启用对象捕捉追踪之前，应先启用极轴追踪和自动对象捕捉，并根据绘图需要设置极轴追踪的增量角，设置好对象捕捉的捕捉模式。

在"草图设置"对话框中的"对象捕捉"选项卡中，"启用对象捕捉追踪"复选框打勾即启用对象捕捉追踪。在绘图过程中，利用 F11 键或单击状态栏上的 ∠（对象追踪）按钮，可随时切换对象捕捉追踪的启用与否。

启用对象捕捉追踪功能之后，当 AutoCAD 提示确定点且将光标位于可自动捕捉到的点的附近时，AutoCAD 会自动捕捉相应的点。此时，拖动鼠标向所要画的直线方向微微移动，结果显示如图 2.1.6-2 所示，输入所要绘制直线的起点与 A 点之间的距离，就确定了直线的起点。

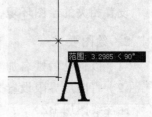

图 2.1.6-2

任务实施

步骤 1：设置图层及图形界限。设置标注线图层 BZX，线型 Continuous，线宽 0.13，颜色为绿色；粗实线图层 CCX，线型 Continuous，线宽 0.35，颜色为白色；并且将图形界限设置为 200×200。

步骤 2：设置"对象捕捉追踪"。右键单击状态栏上的 □（对象捕捉）按钮，弹出"草图设置"进行相应的捕捉设置；点击 ☉（极轴追踪）按钮以及 ∠（对象捕捉追踪）按钮。

步骤 3：绘制 105×90 的长方形。

步骤 4：单击"绘图—直线"命令，即执行 Line 命令，鼠标移动到如图 2.1.6-3（a）所示的位置，AutoCAD 自动捕捉到端点，拖动鼠标沿竖直直线向上移动一定距离，此时 AutoCAD 提示如下：

指定第一点：（通过捕捉到端点距离的方式确定 D 点的位置：输入 40，按 Enter 键显示，如图 2.1.6-3（b）所示）

指定下一点或 [放弃（U）]：（鼠标移动到如图 2.1.6-3（c）所示位置，AutoCAD 自动捕捉到端点，动鼠标沿水平直线向左移动一定距离，如图 2.1.6-3（d）所示，输入 30，按 Enter 键显示，如图 2.1.6-3（e）所示）

指定下一点或 [放弃（U）]：

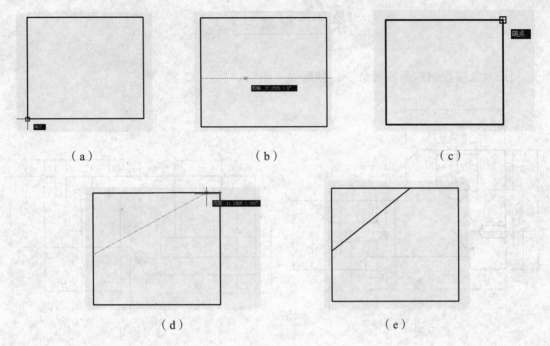

（a）　　　　　　　　　　（b）　　　　　　　　　　（c）

（d）　　　　　　　　　　（e）

图 2.1.6-3

用同样的方法依次绘制其他直线，即可得到图形。

步骤 5：以"艺术图形"为名存入刚才建立的文件夹。

任务评价

	图层设置（10%）	图形界限（10%）	对象捕捉追踪（10%）	图形绘制（70%）	成绩
得分					

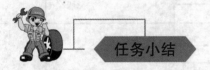
任务小结

利用对象捕捉追踪绘制直线，可以从某一直线的任意一段距离开始绘制，大大提高了绘制的效率。

操作与练习

利用对象捕捉追踪画直线命令，抄画如下图例。

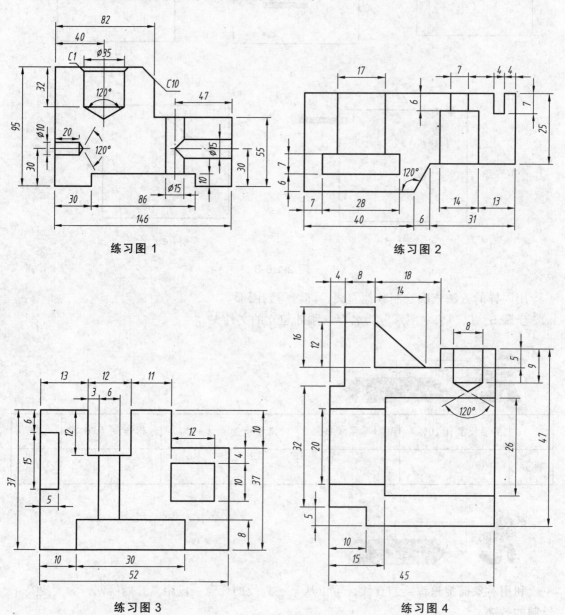

练习图 1

练习图 2

练习图 3

练习图 4

子项目二 圆命令及运用

任务一 笑脸的绘制——学习圆心直径法画圆命令

任务导入

1. 绘图任务

设置相关的绘图环境，绘制如图 2.2.1-1 所示的笑脸。

2. 绘图要求

（1）以自己的姓名加学号命名建立文件夹。

（2）将图形界限设置为 200×200，并设置如下图层：

标注线图层 BZX，线型 Continuous，线宽 0.25，颜色为绿色。

粗实线图层 CCX，线型 Continuous，线宽 0.5，颜色为白色。

点画线图层 DHX，线型 Center，线宽 0.25，颜色为红色。

（3）按绘图方式要求及尺寸抄画笑脸，并以"笑脸"为名存入刚才建立的文件夹。

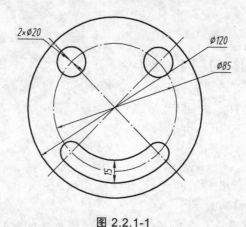

图 2.2.1-1

任务分析

本任务中的圆可以通过圆的直径和圆心位置来进行绘制。

一、圆（指定圆心、直径/半径）命令

1. 功　能

圆在机械工程图样中应用广泛，常用来表示柱、孔、轴等基本构件。

2. 调　用

方法 1：下拉菜单【绘图】—【圆】—【圆心、半径】。

方法 2：工具栏单击 ⊙ 。

方法 3：命令输入行 C，并回车。

3. 步　骤

命令：Circle

指定圆的圆心或 [三点（3P）/两点（2P）/切点、切点、半径（T）]:（指定圆心 O）

指定圆的半径或 [直径（D）]: 20（输入半径值）

二、修剪命令

1. 功　能

修剪对象是作图中经常用到的命令，它按照指定的对象边界裁剪对象，将不需要的部分修剪掉。

2. 调　用

方法 1：下拉菜单【修改】—【修剪】。

方法 2：工具栏单击 ⊬ 。

方法 3：命令输入行 TR，并回车。

3. 步　骤

命令：Trim

当前设置:投影=UCS，边=无

选择剪切边...（选择修剪边界）

选择对象或 <全部选择>:（按 Enter 键结束或继续选择对象）

选择要修剪的对象，或按住 Shift 键选择要延伸的对象，或

[栏选(F)/窗交(C)/投影(P)/边(E)/删除(R)/放弃(U)]:（选择要修剪的对象）

选择要修剪的对象，或按住 Shift 键选择要延伸的对象，或

[栏选(F)/窗交(C)/投影(P)/边(E)/删除(R)/放弃(U)]:（选择要修剪的对象或按 Enter 键结束操作）

步骤 1：设置图层及图形界限。设置标注线图层 BZX，线型 Continuous，线宽 0.13，颜色为绿色；粗实线图层 CCX，线型 Continuous，线宽 0.35，颜色为白色；点画线图层 DHX，线型 Center，线宽 0.13，颜色为红色；并且将图形界限设置为 200×200。

步骤 2：利用极轴绘制中心点画线。

步骤 3：绘制中心圆及粗实线圆。

步骤 4：绘制嘴巴所在的圆，并进行修剪。

步骤 5：以"笑脸"为名存入刚才建立的文件夹。

	图层设置（10%）	图形界限（10%）	图形绘制（70%）	成绩
得分				

通过"笑脸"的绘制，掌握"直径圆心法"绘制圆的命令。

操作与练习

利用圆心直径法画圆命令，抄画如下图例。

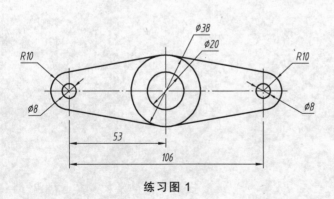

练习图 1

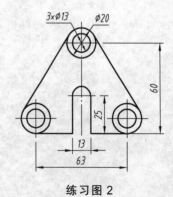

练习图 2

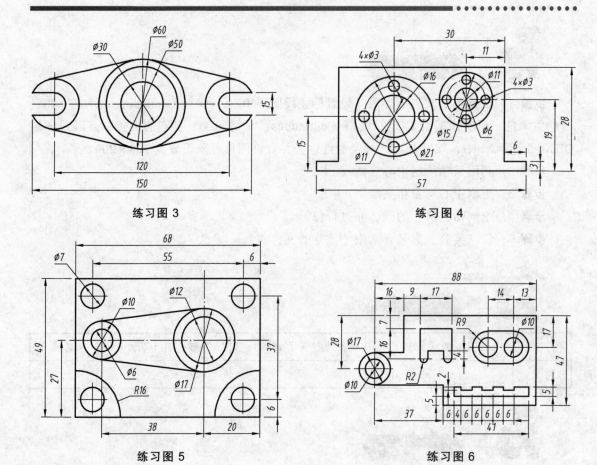

练习图 3

练习图 4

练习图 5

练习图 6

任务二 三角尺的绘制——学习 TTT 法画圆命令

任务导入

1. 绘图任务

设置相关的绘图环境，绘制如图 2.2.2-1 所示的三角尺。

2. 绘图要求

（1）以自己的姓名加学号命名建立文件夹

（2）将图形界限设置为 1 200×1 000，并设置如下图层：

标注线图层 BZX，线型 Continuous，线宽 0.13，颜色为绿色。

粗实线图层 CCX，线型 Continuous，线宽 0.35，颜色为白色。

点画线图层 DHX，线型 Center，线宽 0.13，颜色为红色。

（3）直角三角形 ABC，其中 AB 长为 400，AC 长为 300，绘制三角形 ABC 的内切圆，AB 边、BC 线切的圆，完成图形，并以"三角尺"为名存入刚才建立的文件夹。

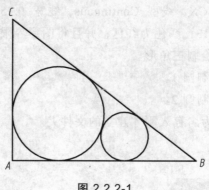

图 2.2.2-1

任务分析

三角尺图形中的绘制难点在于两个圆的轮廓与之相接触的线之间的相切关系的确定。

知识链接

绘制圆：用指定相切、相切、相切方式绘制。

1. 功　能

可以通过选定与圆相切的 3 条线来确定圆。

2. 调　用

方法 1：下拉菜单【绘图】—【圆】—【相切、相切、相切】。

方法 2：工具栏单击 ⊘。

方法 3：命令输入行 C，并回车。

3. 步　骤

命令：C

指定圆的圆心或 [三点（3P）/两点（2P）/切点、切点、半径（T）]：3P

指定圆上的第一个点：tan 到（捕捉第一个切点）

指定圆上的第二个点：tan 到（捕捉第二个切点）

指定圆上的第三个点：tan 到（捕捉第三个切点）

步骤 1：设置图层及图形界限。设置标注线图层 BZX，线型 Continuous，线宽 0.13，颜色为绿色；粗实线图层 CCX，线型 Continuous，线宽 0.35，颜色为白色；点画线图层 DHX，线型 Center，线宽 0.13，颜色为红色；并且将图形界限设置为 200×200。

步骤 2：利用直线命令绘制三角形。

步骤 3：利用 TTT 法绘制圆 1。

步骤 4：利用 TTT 法绘制圆 2。

步骤 5：以"三角尺"为名存入刚才建立的文件夹。

	图层设置（10%）	图形界限（10%）	图形绘制（70%）	成绩
得分				

通过"三角尺"的绘制，掌握"TTT 法"绘制圆的命令。

操作 与 练习

利用"TTT法"画圆命令，抄画如下图例。

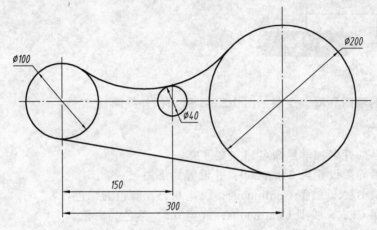

练习图 1

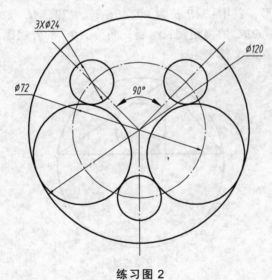

练习图 2

任务三 外接圆的绘制——学习三点法画圆命令

任务导入

1. 绘图任务

设置相关的绘图环境，绘制如图 2.2.3-1 所示的外接圆。

2. 绘图要求

（1）以自己的姓名加学号命名建立文件夹。

（2）将图形界限设置为 240×200，并设置如下图层：

标注线图层 BZX，线型 Continuous，线宽 0.25，颜色为绿色。

粗实线图层 CCX，线型 Continuous，线宽 0.5，颜色为白色。

点画线图层 DHX，线型 Center，线宽 0.25，颜色为红色。

（3）绘制一个三角形，其中：AB 长为 90，BC 长为 70，AC 长为 50；绘制三角形 AB 边的高 CO；绘制三角形 OBC 的内切圆；绘制三角形 ABC 的外接圆，完成图形，并以"外接圆"为名存入刚才建立的文件夹。

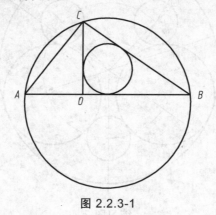

图 2.2.3-1

任务分析

绘制外接圆图形的难点在于两个圆的轮廓与之相接触的线之间的相切关系的确定。

知识链接

绘制圆：用指定相切、相切、相切方式绘制。

1. 功 能

可以通过选定与圆相切的 3 条线来确定圆。

2. 调 用

方法 1：下拉菜单【绘图】—【圆】—【三点】。

方法 2：工具栏单击 。

方法 3：命令输入行 C，并回车。

3. 步 骤

命令：C

指定圆的圆心或 [三点（3P）/两点（2P）/切点、切点、半径（T）]：3P（选择三点方式）

指定圆上的第一个点：（捕捉第 A 个点）

指定圆上的第二个点：（捕捉第 B 个点）

指定圆上的第三个点：（捕捉第 C 个点）

任务实施

步骤 1：设置图层及图形界限。设置标注线图层 BZX，线型 Continuous，线宽 0.13，颜色为绿色；粗实线图层 CCX，线型 Continuous，线宽 0.35，颜色为白色；点画线图层 DHX，线型 Center，线宽 0.13，颜色为红色；并且将图形界限设置为 200×200。

步骤 2：利用直线命令绘制三角形，如图 2.2.3-2 所示。

步骤 3：利用"TTT 法"绘制小圆 1。

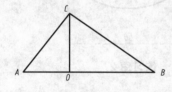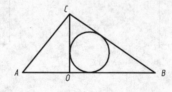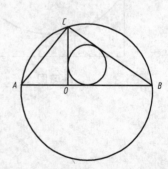

图 2.2.3-2

步骤 4：利用三点法绘制大圆 2。

步骤 5：以"三角尺"为名存入刚才建立的文件夹。

任务评价

	图层设置（10%）	图形界限（10%）	图形绘制（70%）	成绩
得分				

任务小结

通过"外接圆"的绘制，掌握"三点法"绘制圆的命令。

操作与练习

利用"三点法"画圆命令，抄画如下图例。

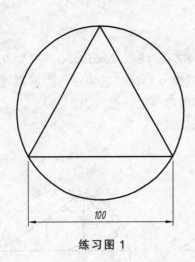

练习图 1

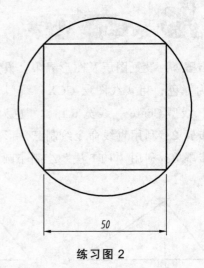

练习图 2

任务四 连架的绘制——学习 TTR 法画圆命令

任务导入

1. 绘图任务

设置相关的绘图环境，绘制如图 2.2.4-1 所示的连架。

2. 绘图要求

（1）以自己的姓名加学号命名建立文件夹。

（2）将图形界限设置为 240×200，并设置如下图层：

标注线图层 BZX，线型 Continuous，线宽 0.13，颜色为绿色。

粗实线图层 CCX，线型 Continuous，线宽 0.35，颜色为白色。

点画线图层 DHX，线型 Center，线宽 0.13，颜色为红色。

（3）按图 2.2.4-1 所示尺寸抄画连架，并以"连架"为名存入刚才建立的文件夹。

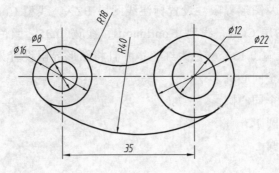

图 2.2.4-1

任务分析

连架图形是两个双同心圆作为连杆的两个铰链，可以运用"圆心直径法"绘制，其中的圆弧连接可以运用"TTR"法绘制圆，再进行修剪即可绘制出此图形。

知识链接

绘制圆：用指定相切、相切、半径方式绘制。

1. 功 能

可以通过选定与圆相切的线以及圆弧半径的确定来圆。

2. 调 用

方法 1：下拉菜单【绘图】—【圆】—【相切、相切、半径】。

方法 2：工具栏单击 ⊘。

方法 3：命令输入行 C，并回车。

3. 步 骤

命令：C

指定圆的圆心或 [三点（3P）/两点（2P）/切点、切点、半径（T）]：T（选择 TTR 方式）

指定对象与圆的第一个切点：（捕捉第一个圆的切点）

指定对象与圆的第二个切点：（捕捉第二个圆的切点）

指定圆的半径<当前>：（输入圆的半径）

任务实施

步骤 1：设置图层及图形界限。设置标注线图层 BZX，线型 Continuous，线宽 0.13，颜色为绿色；粗实线图层 CCX，线型 Continuous，线宽 0.35，颜色为白色；点画线图层 DHX，线型 Center，线宽 0.13，颜色为红色；并且将图形界限设置为 200×200。

步骤 2：绘制第 1 个同心圆。

步骤 3：绘制第 2 个同心圆。

步骤 4：绘制相切圆 1。

步骤 5：绘制相切圆 2。

任务评价

	图层设置（10%）	图形界限（10%）	图形绘制（70%）	成绩
得分				

任务小结

通过"连架"的绘制，掌握了"TTR"绘制圆的命令。

操作与练习

利用"TTR 法"画圆命令，抄画如下图例。

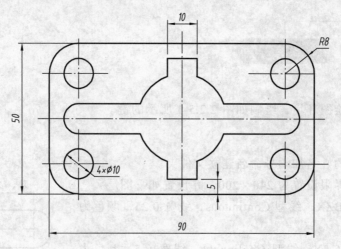

练习图 1

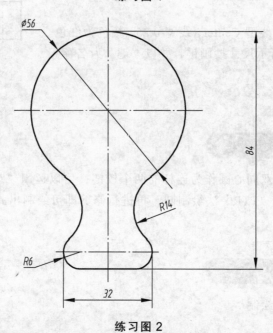

练习图 2

任务五　键的绘制——学习两点法画圆命令

任务导入

1. 绘图任务

设置相关的绘图环境，绘制如图 2.2.5-1 所示的键。

2. 绘图要求

（1）以自己的姓名加学号命名建立文件夹。

（2）将图形界限设置为 240×200，并设置如下图层：

标注线图层 BZX，线型 Continuous，线宽 0.25，颜色为绿色。

粗实线图层 CCX，线型 Continuous，线宽 0.5，颜色为白色。

点画线图层 DHX，线型 Center，线宽 0.25，颜色为红色。

（3）按图 2.2.5-1 所示尺寸抄画键，并以"键"为名存入刚才建立的文件夹。

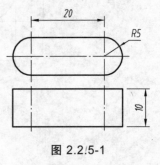

图 2.2.5-1

任务分析

本任务图形是两个双同心圆作为连杆的两个铰链，可以运用"圆心直径法"绘制，其中的圆弧连接可以运用"TTR"法绘制圆，再进行修剪即可绘制出此图形。

知识链接

绘制圆：用两点法绘制。

1. 功　能

可以通过选定与圆相切的线以及圆弧半径的确定来绘制圆。

2. 调　用

方法 1：下拉菜单【绘图】—【圆】—【两点】。

方法 2：工具栏单击⊘。

方法 3：命令输入行 C，并回车。

3. 步　骤

命令：C

指定圆的圆心或 [三点（3P）/两点（2P）/切点、切点、半径（T）]：2P（选择两点法画圆）

指定圆直径的第一个端点：（选择圆直径的第一个端点）

指定圆直径的第二个端点：（选择圆直径的第二个端点）

步骤 1：设置图层及图形界限。设置标注线图层 BZX，线型 Continuous，线宽 0.25，颜色为绿色；粗实线图层 CCX，线型 Continuous，线宽 0.5，颜色为白色；点画线图层 DHX，线型 Center，线宽 0.25，颜色为红色；并且将图形界限设置为 200×200。

步骤 2：绘制主视图。首先绘制两条直线，并且它们之间的距离为 10，然后通过 2P 绘制两个圆，进行修剪，再画上点画线，如图 2.2.5-2 所示。

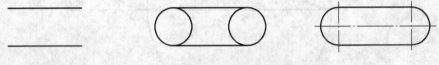

图 2.2.5-2

步骤 3：绘制俯视图。根据"长对正"原则绘制键的俯视图（投影为长方形），并且画上点画线，如图 2.2.5-3 所示。

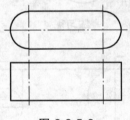

图 2.2.5-3

步骤 4：以"键"为名保存文件。

	图层设置（10%）	图形界限（10%）	主视图（50%）	俯视图（30%）	成绩
得分					

任务小结

通过本实例学习，运用两点法画圆可以快速地绘制出键的三视图。

操作与练习

利用两点法画圆命令，抄画如下图例。

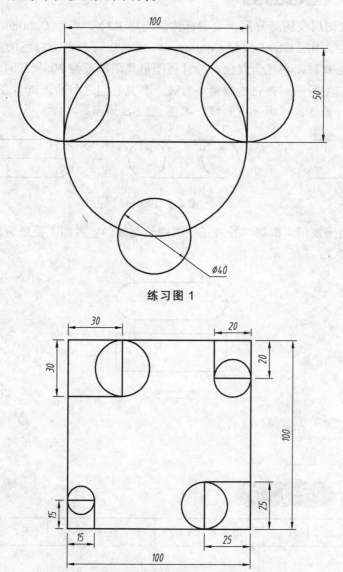

练习图 1

练习图 2

任务六 椭形扇的绘制——学习椭圆命令

任务导入

1. 绘图任务

设置相关的绘图环境，绘制如图 2.2.6-1 所示的椭形扇图形。

2. 绘图要求

（1）以自己的姓名加学号命名建立文件夹。

（2）将图形界限设置为 200×200，并设置如下图层：

标注线图层 BZX，线型 Continuous，线宽 0.25，颜色为绿色。

粗实线图层 CCX，线型 Continuous，线宽 0.5，颜色为白色。

点化线图层 DHX，线型 Center，线宽 0.25，颜色为红色。

（3）按绘图方式要求及尺寸抄画椭形扇，并以"椭形扇"为名存入刚才建立的文件夹。

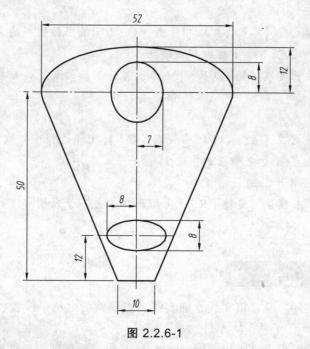

图 2.2.6-1

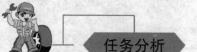

任务分析

对于该椭形扇主要由椭圆或椭圆弧组成，只要掌握了椭圆的绘制方法，那么该图形的绘制就十分简单了。

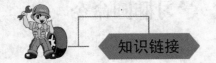

椭圆命令

1. 功 能

绘制椭圆。

2. 调 用

方法 1：下拉菜单【绘图】—【椭圆】。

方法 2：工具栏 ⬭。

方法 3：命令行输入 EL。

3. 步 骤

（1）端点法

命令：EL

指定椭圆的轴端点或 [圆弧（A）/中心点（C）]：（给出轴的一端点）

指定轴的另一个端点：（给出轴的另一端点）

指定另一条半轴长度或 [旋转（R）]：（给出另一半轴的长度，画椭圆）

（2）中心点法

命令：EL

指定椭圆的轴端点或 [圆弧（A）/中心点（C）]：C（选择中心点法画椭圆）

指定椭圆的中心点：（点击椭圆的中心）

指定轴的端点：（给出轴的一端点）

指定另一条半轴长度或 [旋转（R）]：（给出轴的另一个轴端点）

步骤 1：图层设置。设置粗实线、细实线、点画线的名称、线型、颜色等，且设置图形界限。

步骤 2：绘制 14×16 椭圆。运用中心点法绘制第一个椭圆，长半轴为 8，短半轴为 7，如图 2.2.6-2 所示。

步骤 3：绘制 24×52 椭圆。运用中心点法绘制第二个椭圆，长轴为 52，短轴为 24，如图 2.2.6-3 所示。

步骤 4：运用对象捕捉追踪命令绘制图形底部长度为 10 的直线段，如图 2.2.6-4 所示。

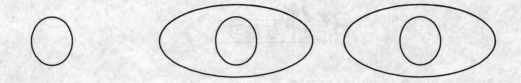

图 2.2.6-2　　　　　　　　　　图 2.2.6-3　　　　　　　　　图 2.2.6-4

步骤 5：绘制 8×16 椭圆。运用中心点法绘制第三个椭圆，长轴为 16，短轴为 8，如图 2.2.6-5 所示。

步骤 6：绘制外轮廓相切直线。运用相切捕捉绘制直线，如图 2.2.6-6 所示。

步骤 7：绘制点画线，如图 2.2.6-7 所示。

步骤 8：以"椭形扇"为名保存文件。

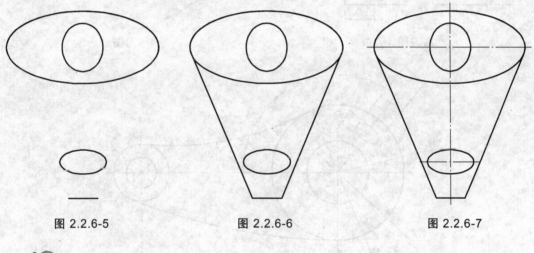

图 2.2.6-5　　　　　　　　　图 2.2.6-6　　　　　　　　　图 2.2.6-7

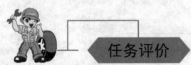
任务评价

	图层设置（10%）	图形界限（10%）	椭圆（50%）	相切线（20%）	中心线（10%）	成绩
得分						

任务小结

通过本任务练习，熟练掌握绘制椭圆的几种方法。

操作与练习

利用椭圆等相关命令，抄画如下图例。

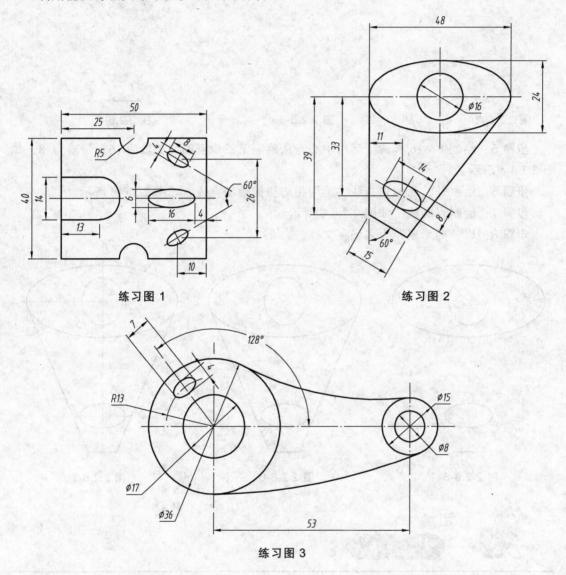

练习图 1

练习图 2

练习图 3

子项目三　其他基市绘图命令及运用

任务一　开瓶器的绘制——学习矩形命令

任务导入

1. 绘图任务

设置相关的绘图环境，绘制如图 2.3.1-1 所示的开瓶器图形。

2. 绘图要求

（1）以自己的姓名加学号命名建立文件夹。

（2）将图形界限设置为 200×200，并设置如下图层：

标注线图层 BZX，线型 Continuous，线宽 0.25，颜色为绿色。

粗实线图层 CCX，线型 Continuous，线宽 0.5，颜色为白色。

点化线图层 DHX，线型 Center，线宽 0.25，颜色为红色。

（3）按绘图方式要求及尺寸抄画开瓶器，并以"开瓶器"为名存入刚才建立的文件夹。

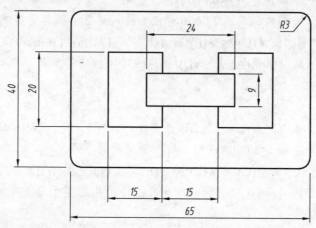

图 2.3.1-1

任务分析

开瓶器图形由多个矩形或近似于矩形的图形组成，所以掌握矩形的绘制就掌握了本图形的绘制。

知识链接

矩形命令

1. 功 能

绘制矩形。

2. 调 用

方法 1：下拉菜单【绘图】—【矩形】。

方法 2：工具栏口。

方法 3：命令行输入 REC。

3. 步 骤

（1）标准矩形法

命令：REC

指定第一个角点或 [倒角(C)/标高(E)/圆角(F)/厚度(T)/宽度(W)]：（指定矩形第 1 个对角点）

指定另一个角点或 [面积(A)/尺寸(D)/旋转(R)]：（指定矩形第 2 个对角点）

（2）倒角矩形法

命令：REC

指定第一个角点或 [倒角(C)/标高(E)/圆角(F)/厚度(T)/宽度(W)]：C（输入选项 C）

指定矩形的第一个倒角距离 <0.0000>：2（输入第 1 个倒角的距离）

指定矩形的第二个倒角距离 <2.0000>：2（输入第 2 个倒角的距离）

指定第一个角点或 [倒角(C)/标高(E)/圆角(F)/厚度(T)/宽度(W)]：（指定矩形第 1 个对角点）

指定另一个角点或 [面积(A)/尺寸(D)/旋转(R)]：（指定矩形第 2 个对角点）

（3）圆角矩形法

命令：REC

指定第一个角点或 [倒角(C)/标高(E)/圆角(F)/厚度(T)/宽度(W)]：F（输入选项 F）

指定矩形的圆角半径 <2.0000>：3（输入圆角半径）

指定第一个角点或 [倒角(C)/标高(E)/圆角(F)/厚度(T)/宽度(W)]：（指定矩形第 1 个对角点）

指定另一个角点或 [面积(A)/尺寸(D)/旋转(R)]：（指定矩形第 2 个对角点）

（4）面积矩形法

命令：REC

指定第一个角点或 [倒角(C)/标高(E)/圆角(F)/厚度(T)/宽度(W)]：（指定矩形第 1 个对角点）

指定另一个角点或 [面积(A)/尺寸(D)/旋转(R)]：A（输入选项 A）

输入以当前单位计算的矩形面积 <100.0000>：600（输入面积）

计算矩形标注时依据 [长度(L)/宽度(W)] <长度>：（按回车）

输入矩形长度 <30.0000>：（输入矩形长度）

（5）旋转矩形法

命令：REC

指定第一个角点或 [倒角(C)/标高(E)/圆角(F)/厚度(T)/宽度(W)]:（指定矩形第 1 个对角点）

指定另一个角点或 [面积(A)/尺寸(D)/旋转(R)]：R（输入选项 R）

指定旋转角度或 [拾取点(P)] <0>：30（输入旋转的角度）

指定另一个角点或 [面积(A)/尺寸(D)/旋转(R)]：D（输入选项 D）

指定矩形的长度 <0.0000>:（输入矩形长度）

指定矩形的宽度 <0.0000>:（输入矩形宽度）

指定另一个角点或 [面积(A)/尺寸(D)/旋转(R)]:（指定矩形另一个对角点）

步骤 1：图层设置。设置粗实线、细实线、点画线的名称、线型、颜色等，且设置图形界限。

步骤 2：倒角矩形法画 65×40 矩形，倒角为 *R*3，如图 2.3.1-2 所示。

步骤 3：标准矩形法画 15×20 矩形，如图 2.3.1-3 所示。

步骤 4：同理，再绘制一个 15×20 矩形，如图 2.3.1-4 所示。

步骤 5：标准矩形法画 24×9 矩形，如图 2.3.1-5 所示。

步骤 6：用 TR 进行修剪图形。

步骤 7：以"开瓶器"为名保存文件。

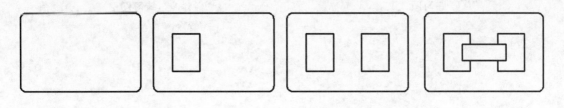

图 2.3.1-2　　　　　图 2.3.1-3　　　　　图 2.3.1-4　　　　　图 2.3.1-5

	图层设置（10%）	图形界限（10%）	矩形（60%）	修剪（20%）	成绩
得分					

任务小结

通过本次练习，熟练掌握了绘制矩形的几种方法。

操作与练习

利用矩形等相关命令，抄画如下图例。

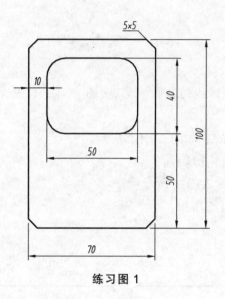

练习图 1

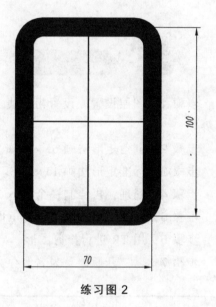

练习图 2

任务二 扳手的绘制——学习正多边形命令

1. 绘图任务

设置相关的绘图环境，绘制图 2.3.2-1 所示的扳手图形。

2. 绘图要求

（1）以自己的姓名加学号命名建立文件夹。

（2）将图形界限设置为 200×200，并设置如下图层：

标注线图层 BZX，线型 Continuous，线宽 0.25，颜色为绿色。

粗实线图层 CCX，线型 Continuous，线宽 0.5，颜色为白色。

点化线图层 DHX，线型 Center，线宽 0.25，颜色为红色。

（3）按绘图方式要求及尺寸抄画扳手，并以"扳手"为名存入刚才建立的文件夹。

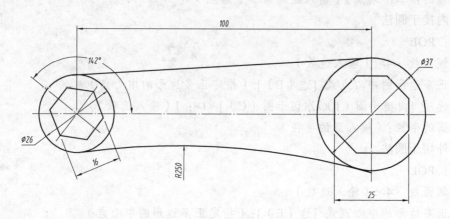

图 2.3.2-1

扳手图形由左右两个正多边形同心圆组成，并且用直线和圆弧相切。只要掌握了正多边形的绘制，那么该图形的绘制就迎刃而解。

知识链接

正多边形命令

1．功　能

可以绘制 3～1 012 的任意正多边形。

2．调　用

方法 1：下拉菜单【绘图】—【正多边形】。

方法 2：工具栏 ⬠。

方法 3：命令行输入 POL。

3．步　骤

（1）边长法

命令：POL

输入侧面数 <4>:（输入边数）

指定正多边形的中心点或 [边（E）]：E（输入选项 E）

指定边的第一个端点：（输入边的第 1 个端点）

指定边的第二个端点：（输入边的第 2 个端点）

（2）内接于圆法

命令：POL

输入侧面数 <4>:（输入边数）

指定正多边形的中心点或 [边（E）]:（指定正多边形的中心点）

输入选项 [内接于圆（I）/外切于圆（C）] <I>:I（输入选项 I）

指定圆的半径：（输入圆的半径）

（3）外切于圆法

命令：POL

输入侧面数 <4>:（输入边数）

指定正多边形的中心点或 [边（E）]:（指定正多边形的中心点）

输入选项 [内接于圆（I）/外切于圆（C）] <I>:C（输入选项 C）

指定圆的半径：（输入圆的半径）

任务实施

步骤 1： 图层设置。设置粗实线、细实线、点画线的名称、线型、颜色等，且设置图形界限。

步骤 2： 绘制 $\phi 26$ 的圆。

步骤 3：绘制对边距为 16 的正六边形，如图 2.3.2-2 所示。

命令：Polygon

输入侧面数 <6>：

指定正多边形的中心点或 [边(E)]：

输入选项 [内接于圆(I)/外切于圆(C)] <C>：

指定圆的半径：@8<142

步骤 4：绘制 ϕ37 的圆，与 ϕ26 的圆相距 100。

步骤 5：绘制对边距为 ϕ25 的正六边形，如图 2.3.2-3 所示。

图 2.3.2-2　　　　　　　　　　图 2.3.2-3

步骤 6：绘制 ϕ26 和 ϕ37 的公切线。

步骤 7：绘制 ϕ26 和 ϕ37 的公切圆 R250，如图 2.3.2-4 所示。

步骤 8：绘制中心线，如图 2.3.2-5 所示。

步骤 9：以"扳手"为名保存文件。

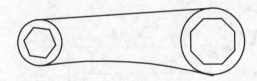

图 2.3.2-4　　　　　　　　　　图 2.3.2-5

任务评价

	图层设置（10%）	图形界限（10%）	正多边形（40%）	圆（20%）	相切线（20%）	成绩
得分						

任务小结

通过本次任务，熟练掌握用多种方法绘制正多边形。

操作与练习

1. 绘制一个边长为 20，*AB* 边与水平线夹角为 30° 的正七边形；绘制一个半径为 10 的圆，且圆心与正七边形同心；再绘制正七边形的外接圆；绘制一个与正七边形相距 10 的外围正七边形，如练习图 1 所示，完成后以"2.3.2LX1"为文件名进行保存。

2. 绘制十二个相切的圆，圆心与圆心的距离为 12；绘制此十二个相切圆的外切圆，如练习图 2 所示，完成后以"2.3.2LX2"为文件名进行保存。

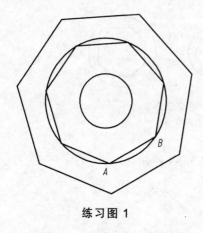

练习图 1

练习图 2

3. 利用圆、多边形等相关命令，抄画如下图例。

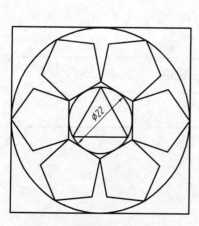

练习图 3

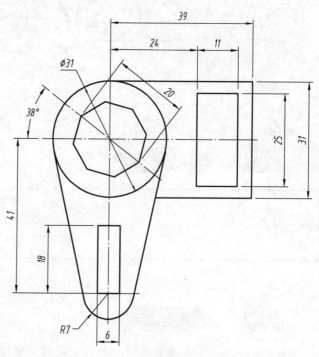

练习图 4

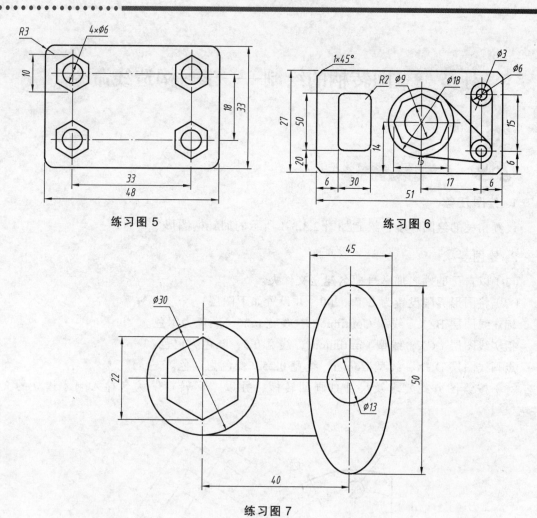

练习图 5

练习图 6

练习图 7

任务三　回转柄的绘制——学习构造线命令

任务导入

1. 绘图任务

设置相关的绘图环境，绘制如图 2.3.3-1 所示的回转柄图形。

2. 绘图要求

（1）以自己的姓名加学号命名建立文件夹。

（2）将图形界限设置为 200×200，并设置如下图层：

标注线图层 BZX，线型 Continuous，线宽 0.25，颜色为绿色。

粗实线图层 CCX，线型 Continuous，线宽 0.5，颜色为白色。

点画线图层 DHX，线型 Center，线宽 0.25，颜色为红色。

（3）按绘图方式要求及尺寸抄画回转柄，并以"回转柄"为名存入刚才建立的文件夹。

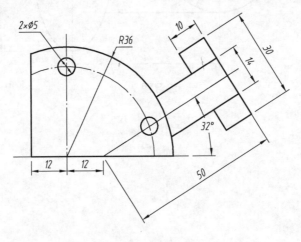

图 2.3.3-1

任务分析

回转柄图形部分结构与水平线成一定的角度，对于这种结构可以采用构造线方式进行绘图。

知识链接

构造线命令

1. 功　能

可画一条或一组无穷长的直线。

2. 调　用

方法 1：下拉菜单【绘图】—【构造线】。

方法 2：工具栏 ✐。

方法 3：命令行输入 XL。

3. 步　骤

（1）两点构造线

命令：XL

指定点或 [水平(H)/垂直(V)/角度(A)/二等分(B)/偏移(O)]:（指定通过第一点）

指定通过点:（指定通过第二点）

指定通过点:（指定通过点，在画一条线或按回车结束）

（2）角度构造线

命令：XL

指定点或 [水平(H)/垂直(V)/角度(A)/二等分(B)/偏移(O)]: A（输入 A，选择角度选项）

输入构造线的角度（0）或 [参照(R)]:（输入与水平线之间的角度）

指定通过点:（指定通过点）

指定通过点:（指定通过点，在画一条线或按回车结束）

（3）水平构造线

命令：XL

指定点或 [水平(H)/垂直(V)/角度(A)/二等分(B)/偏移(O)]: H（输入 H，选择水平选项）

指定通过点:（指定通过点后画出一条水平线）

指定通过点:（指定通过点后画出一条水平线或按回车结束）

（4）垂直构造线

命令：XL

指定点或 [水平(H)/垂直(V)/角度(A)/二等分(B)/偏移(O)]: V（输入 V，选择垂直选项）

指定通过点:（指定通过点后画出一条铅垂线）

指定通过点:（指定通过点后画出一条铅垂线或按回车结束）

（5）平行构造线

命令：XL

指定点或 [水平(H)/垂直(V)/角度(A)/二等分(B)/偏移(O)]: O（输入 O，选择平行直选项）

指定偏移距离或 [通过(T)] <通过>:（输入偏移距离）

选择直线对象:（选择一条构造线）

指定向哪侧偏移:（指定在已知构造线的那一侧偏移）

选择直线对象:（可重复绘制构造线或按回车结束）

步骤 1：图层设置。设置粗实线、细实线、点画线的名称、线型、颜色等，且设置图形界限。

步骤 2：绘制 R30，R36 的两个同心圆，并绘制点画线，如图 2.3.3-2 所示。

步骤 3：对图形进行修剪，结果如图 2.3.3-3 所示。

步骤 4：绘制角度为 32°，与圆中心的水平距离为 12 的构造线，如图 2.3.3-4 所示。

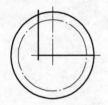 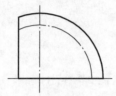 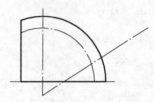

图 2.3.3-2   图 2.3.3-3   图 2.3.3-4

步骤 5：绘制 φ6 的 2 个圆，如图 2.3.3-5 所示。

步骤 6：构造线偏移，偏移值为 7 和 15，如图 2.3.3-6 所示。

步骤 7：绘制构造线，角度为 122°，如图 2.3.3-7 所示。

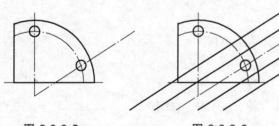 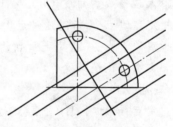

图 2.3.3-5   图 2.3.3-6   图 2.3.3-7

步骤 8：构造线偏移，偏移值为 50 和 40，如图 2.3.3-8 所示。

步骤 9：对图形进行修剪，结果如图 2.3.3-9 所示。

步骤 10：以"回转柄"为名保存文件。

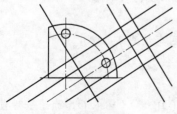 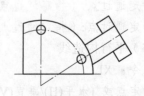

图 2.3.3-8   图 2.3.3-9

任务评价

	图层设置（10%）	图形界限（10%）	圆结构（40%）	构造线（20%）	修剪（20%）	成绩
得分						

任务小结

通过本次任务，熟练掌握构造线的绘制方法。

操作与练习

利用构造线等相关命令，抄画如下图例。

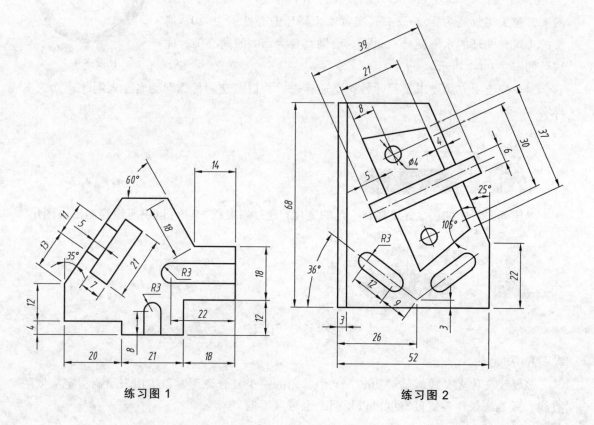

练习图 1　　　　　　　　　练习图 2

任务四　交通标志的绘制——学习多段线命令

任务导入

1. 绘图任务

设置相关的绘图环境，绘制如图 2.3.4-1 所示的交通标志。

2. 绘图要求

（1）以自己的姓名加学号命名建立文件夹。

（2）将图形界限设置为 200×200，并设置如下图层：

标注线图层 BZX，线型 Continuous，线宽 0.25，颜色为绿色。

粗实线图层 CCX，线型 Continuous，线宽 0.5，颜色为白色。

点画线图层 DHX，线型 Center，线宽 0.25，颜色为红色。

（3）绘制一个宽度为 10，外圆直径为 100 的圆环。在图中绘制箭头，箭头尾部宽为 10，箭头其实宽度（圆环中心处）为 20；箭头的头尾与圆环的水平四分点重合，绘制直径为 50 的同心圆，完成后如图 2.3.4-1 所示。

图 2.3.4-1

（4）按绘图方式要求及尺寸抄画交通标志，并以"交通标志"为名存入刚才建立的文件夹。

任务分析

本任务图形中的圆、直线都有一定的宽度，通过多段线命令可以快速地绘制出该图形。

知识链接

多段线命令

1. 功　能

多段线又称多义线，是 AutoCAD 中常用的一类复合图形对象。用来绘制指定宽度的直线、弧等线条，各线段宽度可以相同，也可以不同。

2. 调　用

方法 1：下拉菜单【绘图】—【多段线】。

方法 2：工具栏 。

方法 3：命令行输入 PL。

3. 步　骤

（1）圆弧法

将画线方式转化为画弧方式，将弧线段添加到多段线中。每输入一个终点的坐标，都会画出一个与前面一个圆弧相切的圆弧。

命令：PL

指定起点：（指定多段线的起始点）

当前线宽为 0.0000（默认线宽）

指定下一个点或 [圆弧(A)/半宽(H)/长度(L)/放弃(U)/宽度(W)]：A（输入圆弧 A 选项）

指定圆弧的端点或[角度(A)/圆心(CE)/方向(D)/半宽(H)/直线(L)/半径(R)/第二个点(S)/放弃(U)/宽度(W)]：（根据绘图需要选择各选项）

（2）半宽法

设置多段线的半宽，即宽度的一半，可以输入不同的起始半宽度和终止半宽度。

命令：PL

指定起点：（指定多段线的起始点）

当前线宽为 0.0000（默认线宽 0）

指定下一个点或 [圆弧(A)/半宽(H)/长度(L)/放弃(U)/宽度(W)]：H(输入半宽 H 选项)

指定起点半宽 <0.0000>：(输入起点半宽值)

指定端点半宽 <10.0000>：(输入端点半宽值)

指定下一个点或 [圆弧(A)/半宽(II)/长度(L)/放弃(U)/宽度(W)]：（指定多段线的下一个端点或选项）

指定下一点或 [圆弧(A)/闭合(C)/半宽(H)/长度(L)/放弃(U)/宽度(W)]:（指定多段线的下一个端点或选项，按回车结束绘制）

（3）长度法

在与前一段相同的角度方向上绘制指定长度的直线段。

命令：PL

指定起点:（指定多段线的起始点）

当前线宽为 0.0000（默认线宽）

指定下一个点或 [圆弧(A)/半宽(H)/长度(L)/放弃(U)/宽度(W)]：L（输入长度 L 选项）

指定直线的长度：（输入直线的长度）

指定下一点或 [圆弧(A)/闭合(C)/半宽(H)/长度(L)/放弃(U)/宽度(W)]：（指定下一点或选项）

指定下一点或 [圆弧(A)/闭合(C)/半宽(H)/长度(L)/放弃(U)/宽度(W)]：（指定下一点或选项，或按回车结束）

任务实施

步骤 1：图层设置。设置粗实线、细实线、点画线的名称、线型、颜色等，且设置图形界限。

步骤 2：绘制一个宽度为 10，外圆直径为 100 的圆环，如图 2.3.4-2 所示。

命令：PL

指定起点：（指定多段线的起始点）

当前线宽为 0.0000（默认线宽）

指定下一个点或 [圆弧(A)/半宽(H)/长度(L)/放弃(U)/宽度(W)]：H（输入半宽 H 选项）

指定起点半宽 <0.0000>：5（输入起点半宽值）

指定端点半宽 <5.0000>：5（输入端点半宽值）

指定下一个点或 [圆弧(A)/半宽(H)/长度(L)/放弃(U)/宽度(W)]：A（输入圆弧 A 选项）

指定圆弧的端点或[角度(A)/圆心(CE)/方向(D)/半宽(H)/直线(L)/半径(R)/第二个点(S)/放弃(U)/宽度(W)]：100（输入直径值）

指定圆弧的端点或[角度(A)/圆心(CE)/闭合(CL)/方向(D)/半宽(H)/直线(L)/半径(R)/第二个点(S)/放弃(U)/宽度(W)]：CL（输入闭合 CL 选项）

步骤 3：绘制箭头。箭头直线宽 10，箭头起始宽度 20，尾部为 0，如图 2.3.4-3 所示。

命令：PL PLINE

指定起点：（选择圆的象限点）

当前线宽为 0.0000（默认线宽）

指定下一个点或 [圆弧(A)/半宽(H)/长度(L)/放弃(U)/宽度(W)]：H（输入半宽 H 选项）

指定起点半宽 <0.0000>：5（输入起点半宽值）

指定端点半宽 <5.0000>：5（输入端点半宽值）

指定下一个点或 [圆弧(A)/半宽(H)/长度(L)/放弃(U)/宽度(W)]：（选择圆中心点）

指定下一点或 [圆弧(A)/闭合(C)/半宽(H)/长度(L)/放弃(U)/宽度(W)]：H（输入半宽 H 选项）

指定起点半宽 <5.0000>：10（输入起点半宽值）

指定端点半宽 <10.0000>：0（输入端点半宽值）

指定下一点或 [圆弧(A)/闭合(C)/半宽(H)/长度(L)/放弃(U)/宽度(W)]：（选择圆另一象限点）

步骤 4：绘制 ϕ50 的圆，如图 2.3.4-4 所示。

步骤 5：以"回转柄"为名保存文件。

图 2.3.4-2　　　　　　　　　图 2.3.4-3　　　　　　　　　图 2.3.4-4

任务评价

	图层设置（10%）	图形界限（10%）	圆环（30%）	箭头（40%）	圆（10%）	成绩
得分						

任务小结

通过对本任务中交通标志的绘制，掌握运用多段线命令绘制图形。

操作与练习

利用多段线命令，抄画如下图例。

禁止车辆长时停放

练习图 1

禁 止 掉 头

练习图 2

任务五　等分椭圆的绘制——学习点命令

任务导入

1. 绘图任务

设置相关的绘图环境，绘制如图 2.3.5-1 所示的等分椭圆图形。

2. 绘图要求

（1）以自己的姓名加学号命名建立文件夹。

（2）将图形界限设置为 200×200，并设置如下图层：

标注线图层 BZX，线型 Continuous，线宽 0.25，颜色为绿色。

粗实线图层 CCX，线型 Continuous，线宽 0.5，颜色为白色。

点画线图层 DHX，线型 Center，线宽 0.25，颜色为红色。

（3）绘制一个两轴长分别为 100 及 60 的椭圆；椭圆中绘制一个三角形，三角形三个顶点分别为椭圆上四分点、椭圆左下 1/4 椭圆弧的中点、椭圆右下 1/4 椭圆弧的中点；绘制三角形的内切圆，绘制结果如图 2.3.5-1 所示。

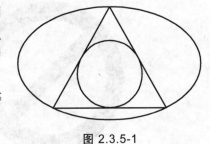

图 2.3.5-1

（4）按绘图方式要求及尺寸抄画等分椭圆，并以"等分椭圆"为名存入刚才建立的文件夹。

任务分析

等分椭圆图形的难点就是三角形三个等分点的确定，故需要掌握点命令的使用方法。

知识链接

一、点样式设置

1. 功　能

在 AutoCAD 中，系统默认情况下绘制的点显示为一个小黑点，不便于观察。因此，在绘制点之前一般要设置点样式，使其清晰可见。

2. 调　用

方法 1：下拉菜单【格式】—【点样式】。

方法 2：命令行输入 DDP。

3. 步　骤

输入点命令，系统弹出"点样式"对话框，如图 2.3.5-2 所示。

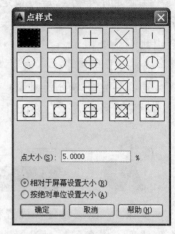

"点样式"对话框各选项功能如下：

点样式：提供了 20 种样式，可以从中任选一种。

点大小：确定所选点的大小尺寸。

相对于屏幕设置大小：即点的尺寸是随绘图区的变化而改变。

按绝对单位设置大小：即点的尺寸大小不变。

图 2.3.5-2

二、点命令

1. 功　能

绘制点，包括单点、多点、定数等分点和定距等分点四种类型。

3. 调　用

方法 1：下拉菜单【绘图】—【点】。

方法 2：工具栏 ˙ 。

方法 3：命令行输入 PO。

4. 步　骤

（1）单　点

移动鼠标到合适的位置单击，放置单点。

命令：PO

当前点模式：PDMODE=3　PDSIZE=0.0000

指定点：（单击要画的点）

（2）多　点

移动鼠标在需要添加点的地方单击，创建多个点。

命令：【绘图】—【点】—【多点】

当前点模式：PDMODE=3　PDSIZE=0.0000（指定一个或多个所要画的点）

（3）定数等分点

绘制定数等分点就是将指定的对象以一定的数量进行等分。

命令：【绘图】—【点】—【定数等分】

选择要定数等分的对象：（选择要定数等分的对象）

输入线段数目或 [块(B)]：5（输入等分数目或选项）

（4）定距等分点

绘制定距等分点是将指定对象按确定的长度进行等分。与定数等分不同的是：因为等分后的子线段数目是线段总长除以等分距，所以由于等分距的不确定性，定距等分后可能会出现剩余线段。

命令：【绘图】—【点】—【定距等分】

选择要定距等分的对象：（选择要定距等分的对象）

指定线段长度或 [块(B)]:（输入等分长度或选项）

任务实施

步骤 1：图层设置。设置粗实线、细实线、点画线的名称、线型、颜色等，且设置图形界限。

步骤 2：绘制一个两轴长分别为 100 及 60 的椭圆。

步骤 3：设置点样式为 ⊠，如图 2.3.5-3 所示。

步骤 4：定数等分点命令等分椭圆为 8 等分，如图 2.3.5-4 所示。

步骤 5：运用点捕捉绘制三角形，如图 2.3.5-5 所示。

步骤 6：用"3T"法绘制圆，并且设置点样式为隐身，如图 2.3.5-6 所示。

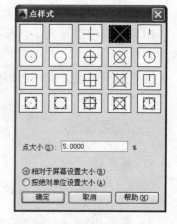

图 2.3.5-3

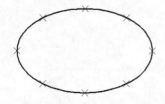

图 2.3.5-4

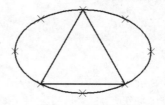

图 2.3.5-5

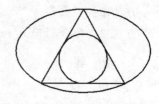

图 2.3.5-6

步骤 7：以"等分椭圆"为名保存文件。

任务评价

	图层设置（10%）	图形界限（5%）	椭圆（5%）	等分点（40%）	三角形（20%）	内切圆（20%）	成绩
得分							

任务小结

通过本次任务，掌握点命令及使用方法。

操作与练习

1. 绘制一个长为 60、宽为 30 的矩形；在矩形对角线处绘制一个半径为 10 的圆；在矩形下边线左右各 1/8 处绘制圆的切线；再绘制一个圆的同心圆，半径为 5，完成后以"2.3.5LX1"为名进行保存。

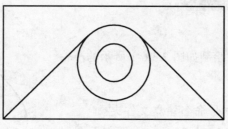

练习图 1

2. 利用点命令，抄画如下图例。

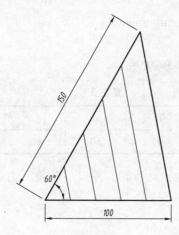

练习图 2

任务六　凸轮的绘制——学习样条曲线命令

1. 绘图任务

设置相关的绘图环境，绘制如图 2.3.6-1 所示的凸轮。

2. 绘图要求

（1）以自己的姓名加学号命名建立文件夹。

（2）将图形界限设置为 200×200，并设置如下图层：

标注线图层 BZX，线型 Continuous，线宽 0.25，颜色为绿色。

粗实线图层 CCX，线型 Continuous，线宽 0.5，颜色为白色。

（3）凸轮的参数要求如表 2.3.6-1 所示。

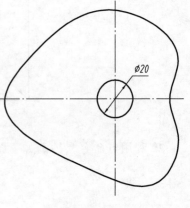

图 2.3.6-1

表 2.3.6-1

角度	0°	30°	90°	150°	180°	250°	300°	330°
数值	30	40	47	50	60	40	50	40

（4）按绘图方式要求及尺寸抄画凸轮，并以"凸轮"为名存入刚才建立的文件夹。

凸轮中的凸轮曲线是随着角度的变化而变化，所以可以采用样条曲线进行绘制。

样条曲线命令

1. 功　能

样条曲线是经过一系列给定控制点的光滑曲线，因此使用样条曲线能够在控制点之间产生一条光滑的曲线。样条曲线可用于绘制形状不规则的图形。

2. 调　用

方法 1：下拉菜单【修改】—【样条曲线】。

方法 2：工具栏∿。

方法 2：命令行输入 SPL。

3. 步　骤

命令：SPL

当前设置：方式=拟合　　节点=弦

指定第一个点或 [方式(M)/节点(K)/对象(O)]:（指定一点活选择"对象（O）"选项）

输入下一个点或 [起点切向(T)/公差(L)]:（指定下一点）

输入下一个点或 [端点相切(T)/公差(L)/放弃(U)]:（指定下一点）

输入下一个点或 [端点相切(T)/公差(L)/放弃(U)/闭合(C)]:（指定下一点或按回车结束）

 任务实施

步骤 1：图层设置。设置粗实线、细实线、点画线的名称、线型、颜色等，且设置图形界限。

步骤 2：根据凸轮参数绘制角度直线段，如图 2.3.6-2 所示。

步骤 3：运用样条曲线连接各角度直线段的端点，如图 2.3.6-3 所示。

步骤 4：绘制 $\phi20$ 的圆，删除辅助线，如图 2.3.6-4 所示。

步骤 5：以"凸轮"为名保存文件。

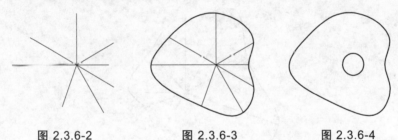

图 2.3.6-2　　　　　图 2.3.6-3　　　　　图 2.3.6-4

 任务评价

	图层设置（10%）	凸轮（70%）	圆（20%）	成绩
得分				

 任务小结

通过凸轮图形的绘制，熟练掌握样条曲线的使用。

操作与练习

1. 利用样条曲线命令，抄画如下图例。

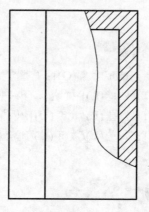

练习图 1

2. 绘制凸轮，凸轮的参数要求如下：

凸轮参数要求								
角度	0°	40°	90°	120°	150°	200°	250°	300°	340°
数值	50	50	70	90	65	90	75	50	40

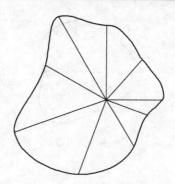

练习图 2

任务七　别墅的绘制——学习填充剖面线命令

任务导入

1. 绘图任务

设置相关的绘图环境，绘制如图 2.3.7-1 所示的别墅。

2. 绘图要求

（1）以自己的姓名加学号命名建立文件夹。

（2）将图形界限设置为 200×200，并设置如下图层：

标注线图层 BZX，线型 Continuous，线宽 0.25，颜色为绿色。

粗实线图层 CCX，线型 Continuous，线宽 0.5，颜色为白色。

（3）按绘图方式要求及尺寸抄画别墅，并以"别墅"为名存入刚才建立的文件夹。

图 2.3.7-1

任务分析

别墅图形中两个倒滑槽相似，不同点就是长度不一样；两个定位孔结构和尺寸也一样，不同之处是长度不一样，对于这样的图形可以采用复制加拉伸的方法进行绘制。

图案填充命令

1. 功　能

可以将需要填充的对象按指定的类型和图案以一定的角度和比例因子进行填充。

2. 调　用

方法 1：下拉菜单【绘图】—【图案填充】。

方法 2：工具栏 ▨。

方法 3：命令行输入 Hatch（H）。

3. 步　骤

输入 H—在样例中选择填充样式—选择拾取添加点—确定，如图 2.3.7-2 所示。

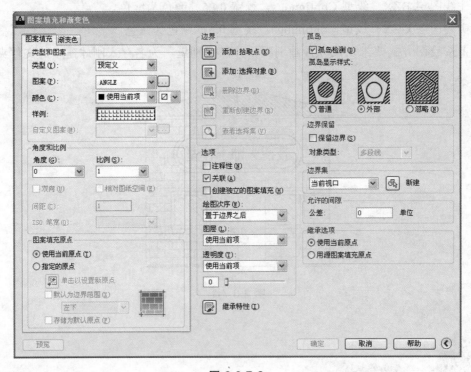

图 2.3.7-2

步骤 1： 图层设置。设置粗实线、细实线、点画线的名称、线型、颜色等，且设置图形界限。

步骤 2：绘制墙体轮廓线，如图 2.3.7-3 所示。

步骤 3：绘制门及窗，如图 2.3.7-4 所示。

步骤 4：绘制门环及牌匾，如图 2.3.7-5 所示。

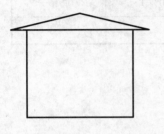

图 2.3.7-3

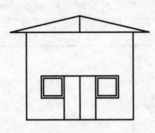

图 2.3.7-4

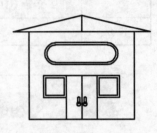

图 2.3.7-5

步骤 5：编写牌匾文字，如图 2.3.7-6 所示。

步骤 6：绘制墙面填充，如图 2.3.7-7 所示。

步骤 7：绘制把手填充和门环填充，如图 2.3.7-8 所示。

图 2.3.7-6

图 2.3.7 7

图 2.3.7-8

步骤 8：绘制窗户填充，如图 2.3.7-9 所示。

步骤 9：绘制牌匾充填，如图 2.3.7-10 所示。

步骤 10：绘制屋顶填充，如图 2.3.7-11 所示。

步骤 11：以"别墅"为名保存文件。

图 2.3.7-9

图 2.3.7-10

图 2.3.7-11

任务评价

	图层设置（10%）	轮廓图形（30%）	填充（60%）	成绩
得分				

任务小结

通过本任务图形的绘制，熟练掌握填充命令及使用。

操作与练习

利用填充剖面线命令，抄画如下图例。

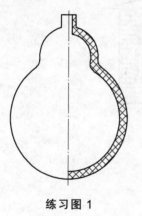

练习图 1

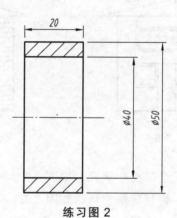

练习图 2

项目二综合练习题

　　以自己的姓名加学号命名建立文件夹，利用项目二所学的绘图技法，抄画如下图例，达到巩固知识、提高绘图技能的目的。

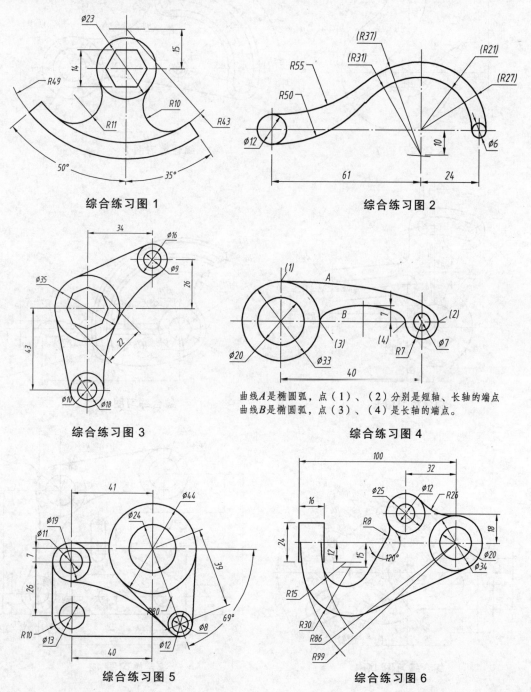

综合练习图 1　　　　　　　　　　　　　综合练习图 2

综合练习图 3

曲线A是椭圆弧，点（1）、（2）分别是短轴、长轴的端点
曲线B是椭圆弧，点（3）、（4）是长轴的端点。

综合练习图 4

综合练习图 5　　　　　　　　　　　　　综合练习图 6

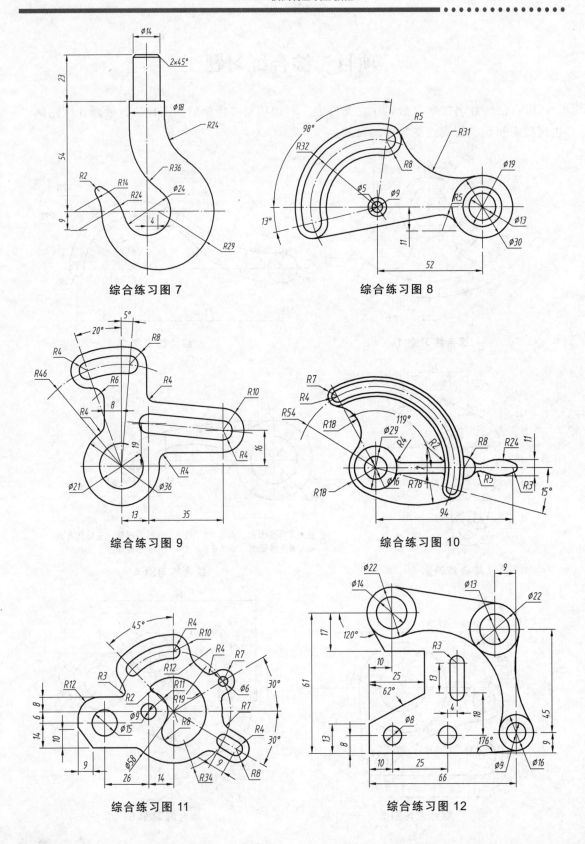

综合练习图 7

综合练习图 8

综合练习图 9

综合练习图 10

综合练习图 11

综合练习图 12

项目三 图形编辑命令

在项目二的操作与练习中，有的图形是半径相同的圆，作图时需一个一个地绘制，用什么方法可以快速地复制出这些相同的圆呢？项目三将教会用户如何减少重复的绘图操作，提高设计与绘图的效率；如何合理构造与组织图形，保证作图的准确性。

图形编辑是对已有图形进行复制、移动、镜像、阵列、旋转、偏移等修改操作。本项目主要学习如何选择和编辑平面图形对象。

▆ 知识目标

理解复制、镜像、偏移、阵列等复制对象命令的概念和功能。

理解移动、旋转、对齐等移动对象命令的概念和功能。

掌握 AutoCAD 文件的常规适用及操作。

▆ 技能目标

学会使用复制、镜像、偏移、阵列等命令来复制对象。

学会使用移动、旋转、对齐等命令来移动对象。

学会倒角、圆角、修剪、比例缩放、打断等命令的使用。

学会利用夹点功能进行对象修改。

对于常用编辑命令，通过绘图实践，能够到达熟练运用的程度。

任务一 连接块的绘制——学习复制命令

任务导入

1. 绘图任务

设置相关的绘图环境，绘制如图 3.1-1 所示的连接块图形。

2. 绘图要求

（1）以自己的姓名加学号命名建立文件夹。

（2）将图形界限设置为 200×200，并设置如下图层：

标注线图层 BZX，线型 Continuous，线宽 0.25，颜色为绿色。

粗实线图层 CCX，线型 Continuous，线宽 0.5，颜色为白色。

（3）按绘图方式要求及尺寸抄画连接块，并以"连接块"为名存入刚才建立的文件夹。

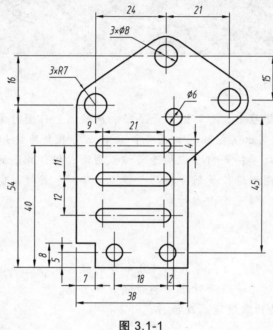

图 3.1-1

连接块图形中有多个相同的结构，为了加快绘图效率可以采用复制命令对相同结构进行复制。

复制命令

1. 功　能

同一份工程图样中经常含有许多相同的图形对象，它们的差别只是相对位置的不同。使用 AutoCAD 提供的复制工具，可以快速地创建这些相同的对象。

2. 调　用

方法 1：下拉菜单【修改】—【复制】。

方法 2：工具栏 %。

方法 3：命令行输入 Co。

3. 步 骤

命令: Co

选择对象:(选择要复制的对象)

选择对象:(按回车键或继续选择对象)

当前设置:复制模式 = 多个

指定基点或 [位移(D)/模式(O)] <位移>:(指定复制基点)

指定第二个点或 <使用第一个点作为位移>:(指定位移点)

任务实施

步骤 1: 图层设置。设置粗实线、细实线、点画线的名称、线型、颜色等,且设置图形界限。

步骤 2: 绘制两个 $\phi14$ 和 $\phi8$ 同心圆。

步骤 3: 使用复制命令复制两个 $\phi14$ 和 $\phi8$ 同心圆,如图 3.1-2 所示。

步骤 4: 绘制图形外轮廓,并且进行修剪,如图 3.1-3 所示。

步骤 5: 绘制 $\phi6$ 的圆和键槽,如图 3.1-4 所示。

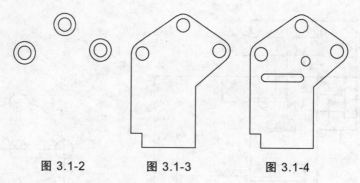

图 3.1-2   图 3.1-3   图 3.1-4

步骤 6: 使用复制命令复制 $\phi6$ 的圆和键槽,如图 3.1-5 所示。

步骤 7: 画点画线,如图 3.1-6 所示。

步骤 8: 以"连接块"为名保存文件。

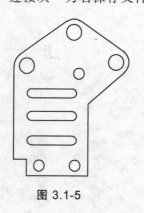

图 3.1-5

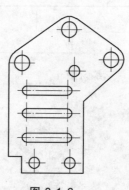

图 3.1-6

	图层设置（10%）	图形界限（10%）	同心圆（20%）	键槽（20%）	圆（20%）	外轮廓（20%）	成绩
得分							

通过本任务图形的绘制熟练掌握复制命令及使用。

操作与练习

利用复制等相关命令，抄画如下图例。

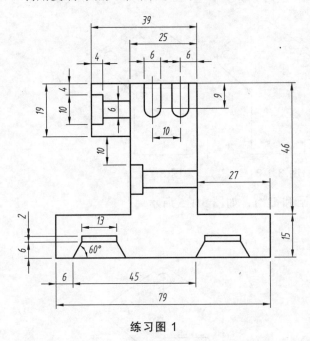

练习图 1

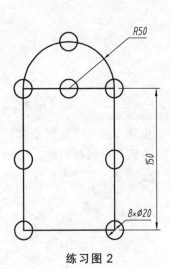

练习图 2

任务二 蝴蝶块的绘制——学习镜像命令

1. 绘图任务

设置相关的绘图环境，绘制如图 3.2-1 所示的蝴蝶块图形。

2. 绘图要求

（1）以自己的姓名加学号命名建立文件夹。

（2）将图形界限设置为 200×200，并设置如下图层：

标注线图层 BZX，线型 Continuous，线宽 0.25，颜色为绿色。

粗实线图层 CCX，线型 Continuous，线宽 0.5，颜色为白色。

点画线图层 DDX，线型 Center,线宽 0.25，颜色为红色。

（3）按绘图方式要求及尺寸抄画蝴蝶块，并以"蝴蝶块"为名存入刚才建立的文件夹。

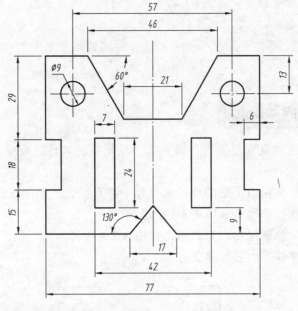

图 3.2-1

蝴蝶块图形是一个以点画线为中心对称的图形。可先画出对称的一部分再通过镜像命令就可以把整个图形绘制出来。

镜像命令

1. 功 能

生成源对象轴对称图形的轴称为镜像线。镜像时可删除源图形，可以保留源图形（镜像复制）。镜像命令对创建对称的图形非常有用，可以先绘制半个图形，再利用镜像命令创建整个图形。

2. 调 用

方法1：下拉菜单【修改】—【镜像】。

方法2：工具栏⚖。

方法3：命令行输入 MI。

3. 步 骤

命令：MI

选择对象：（选择要镜像的对象）

选择对象：指定镜像线的第一点：（指定对称线的任意一点）

指定镜像线的第二点：（指定对称线的另一点）

要删除源对象吗？[是(Y)/否(N)] <N>：（选择后按回车结束）

步骤1：图层设置。设置粗实线、细实线、点画线的名称、线型、颜色等，且设置图形界限。

步骤2：绘制蝴蝶块左边图形的外轮廓线及中心点画线，如图 3.2-2 所示。

步骤3：绘制圆和长方形，如图 3.2-3 所示。

步骤4：用镜像命令镜像出右边图形，如图 3.2-4 所示。

步骤5：以"蝴蝶块"为名保存文件。

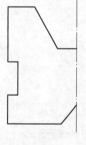
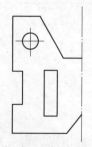
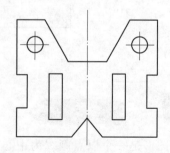

图 3.2-2　　　　　图 3.2-3　　　　　图 3.2-4

任务评价

	图层设置（10%）	图形界限（10%）	半轮廓（4%）	镜像（40%）	成绩
得分					

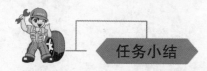

任务小结

通过"蝴蝶块"的绘制，可以得出以下结论：对于中心对称的图形只要画出一半的形状，另外一半可以用镜像命令进行快速绘制，可大大提高绘图的效率和正确率。

操作与练习

利用镜像命令，抄画如下图例。

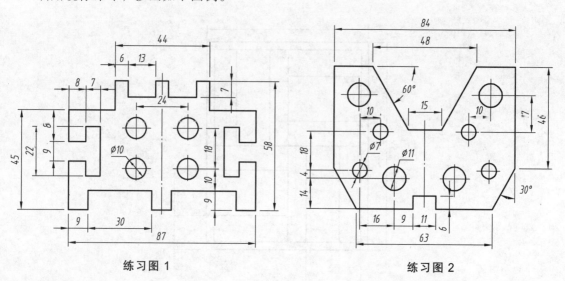

练习图 1　　　　　　　　　　　　　　　　练习图 2

1. 绘图任务

设置相关的绘图环境，绘制如图 3.3-1 所示的四方窗图形。

2. 绘图要求

（1）以自己的姓名加学号命名建立文件夹。

（2）将图形界限设置为 200×200，并设置如下图层：

标注线图层 BZX，线型 Continuous，线宽 0.25，颜色为绿色。

粗实线图层 CCX，线型 Continuous，线宽 0.5，颜色为白色。

（3）按绘图方式要求及尺寸抄画四方窗，并以"四方窗"为名存入刚才建立的文件夹。

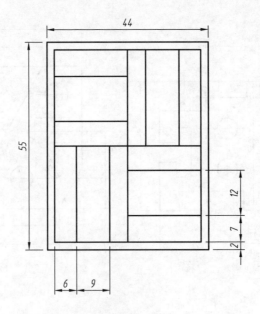

图 3.3-1

四方窗图形由多条平行的直线组成，可以通过偏移命令进行绘制平行的直线。

一、偏移命令

1. 功　能

偏移命令"OFFSET"采用复制的方法生成等间距的平行直线、平行曲线或同心圆。可以进行偏移的图形对象包括直线、曲线、多边形、圆及圆弧等。

2. 调　用

方法 1：下拉菜单【修改】—【偏移】。

方法 2：工具栏 。

方法 3：命令行输入 O。

3. 步　骤

命令：O

当前设置：删除源=否　图层=源　OFFSETGAPTYPE=0

指定偏移距离或 [通过(T)/删除(E)/图层(L)] <通过>:（指定偏移距离）

选择要偏移的对象，或 [退出(E)/放弃(U)] <退出>:（选择要偏移的对象）

指定要偏移的那一侧上的点，或 [退出(E)/多个(M)/放弃(U)] <退出>:（指定偏移方位）

选择要偏移的对象，或 [退出(E)/放弃(U)] <退出>:（继续执行偏移命令或按回车结束）

二、分解命令

1. 功　能

在 AutoCAD 绘图过程中，有许多组合图形对象，如块、矩形、正多边形、多线段、标注、图案填充等。要对这些对象进行进一步的修改，需要将它们分解为单个的图形对象。

2. 调　用

方法 1：下拉菜单【修改】—【分解】。

方法 2：工具栏 。

方法 3：命令行输入 X。

3. 步　骤

命令：X

选择对象：（选择要分解的对象）

选择对象：（继续选择对象或按回车结束）

任务实施

步骤 1：图层设置。设置粗实线、细实线、点画线的名称、线型、颜色等，且设置图形界限。

步骤 2：用矩形命令绘制矩形 44×55。

步骤 3：用偏移命令将矩形向内偏移，偏移值为 2，如图 3.3-2 所示。

步骤 4：用分解命令对内部矩形进行分解。

步骤 5：用通过点对象偏移命令进行偏移，如图 3.3-3 所示。

步骤 6：偏移内矩形左竖直线段，偏移值为 6 和 9，并且进行修剪，如图 3.3-4 所示。

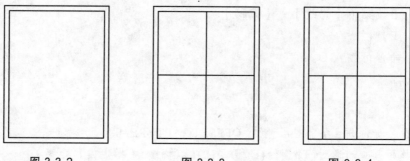

图 3.3-2   图 3.3-3   图 3.3-4

步骤 7：同理另一侧再次进行偏置与修剪，如图 3.3-5 所示。

步骤 8：偏移内矩形下水平直线段，偏移值为 7 和 12，并且进行修剪，如图 3.3-6 所示。

步骤 9：同理另一侧再次进行偏置与修剪，如图 3.3-7 所示。

步骤 10：以"四方窗"为名保存文件。

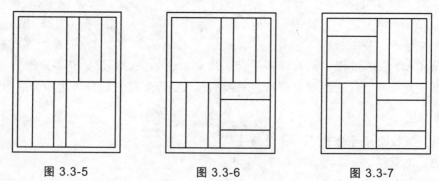

图 3.3-5   图 3.3-6   图 3.3-7

任务评价

	图层设置（10%）	图形界限（10%）	矩形轮廓（40%）	内部偏移(40%)	成绩
得分					

任务小结

对于平行的线可以采用偏移命令进行绘图，可以显著提高画图速度。

操作与练习

利用偏移、分解命令，抄画如下图例。

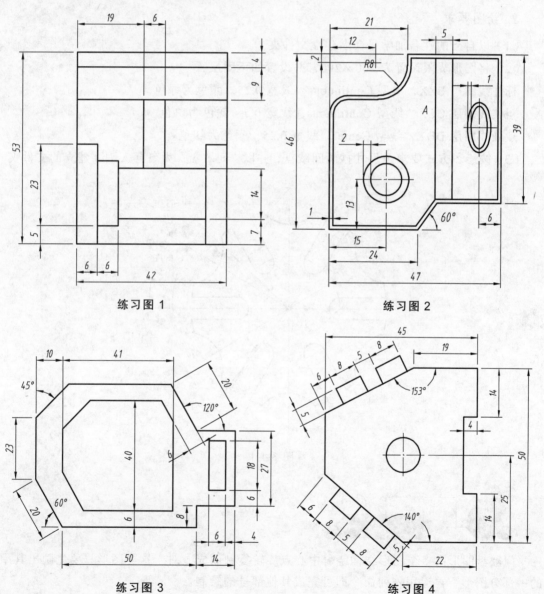

练习图 1

练习图 2

练习图 3

练习图 4

任务四　间歇盘的绘制——学习阵列、打断命令

任务导入

1. 绘图任务

设置相关的绘图环境，绘制如图 3.4-1 所示的间歇盘图形。

2. 绘图要求

（1）以自己的姓名加学号命名建立文件夹。

（2）将图形界限设置为 200×200，并设置如下图层：

标注线图层 BZX，线型 Continuous，线宽 0.25，颜色为绿色。

粗实线图层 CCX，线型 Continuous，线宽 0.5，颜色为白色。

点画线图层 DDX，线型 Center，线宽 0.25，颜色为红色。

（3）按绘图方式要求及尺寸抄画间歇盘，并以"间歇盘"为名存入刚才建立的文件夹。

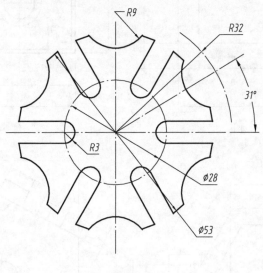

图 3.4-1

任务分析

间歇盘图形由多个图形结构绕着中心点旋转复制而成，对于这类图形只要先画出其中的一部分图形，再运用阵列命令即可完成其他部分的绘制。

知识链接

一、阵列命令

1. 功 能

复制、镜像和偏移命令一次只能复制一个图形对象，或只能一个一个地复制。而工程图样中有的结构却需要有规律地大量地重复运用。AutoCAD 提供的阵列命令"ARRAY"则可以完成多个图形的复制。

2. 调 用

方法 1：下拉菜单【修改】—【阵列】—【矩形阵列】/【路径阵列】/【环形阵列】。
方法 2：工具栏品。
方法 3：命令行输入 AR。

3. 步 骤

（1）矩形阵列

对象按行、列方式进行排列，操作时需输入行数、列数、行间距和列间距等。如果要倾斜方向生成矩形阵列，还需要输入阵列的倾斜角。

命令：AR
选择对象：（选择要阵列的对象）
选择对象：（选择要阵列的对象或按回车结束选择）
输入阵列类型 [矩形(R)/路径(PA)/极轴(PO)] <矩形>：R（输入 R 矩形阵列选项）
类型 – 矩形 关联 = 是
选择夹点以编辑阵列或 [关联(AS)/基点(B)/计数(COU)/间距(S)/列数(COL)/行数(R)/层数(L)/退出(X)] <退出>：（通过夹点编辑，调整阵列间距，列数，行数和层数；也可以分别选择各选项输入数值）

（2）路径阵列

对象沿路径或部分路径均匀分布选定对象。

命令：AR
选择对象：（选择要阵列的对象）
选择对象：（选择要阵列的对象或按回车结束选择）
输入阵列类型 [矩形(R)/路径(PA)/极轴(PO)] <极轴>：PA（输入 PA 路径阵列选项）
类型 = 路径 关联 = 是
选择路径曲线：（选择阵列的路径）
选择夹点以编辑阵列或 [关联(AS)/方法(M)/基点(B)/切向(T)/项目(I)/行(R)/层(L)/对齐项目(A)/Z 方向(Z)/退出(X)] <退出>：（通过夹点编辑，调整阵列间距，列数，行数和层数；也可以分别选择各选项输入数值）

（3）环形阵列

对象按环形进行排列，操作时需选择旋转中心，并输入项目总数、填充角度和对象是否旋转等。

命令：AR

选择对象：（选择要阵列的对象）

选择对象：（选择要阵列的对象或按回车结束选择）

输入阵列类型 [矩形(R)/路径(PA)/极轴(PO)] <极轴>：PO（输入 PO 矩形阵列选项）

类型 = 极轴　关联 = 是

指定阵列的中心点或 [基点(B)/旋转轴(A)]:（输入整列中心点）

选择夹点以编辑阵列或 [关联(AS)/基点(B)/项目(I)/项目间角度(A)/填充角度(F)/行(ROW)/层(L)/旋转项目(ROT)/退出(X)] <退出>:（通过夹点编辑，调整阵列间距，列数，行数和层数；也可以分别选择各选项输入数值）

注：在命令行中输入：ARRAYCLASSIC，弹出"阵列"对话框，可对相关参数进行设置，如图 3.4-2 所示。

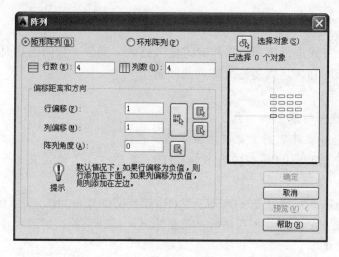

图 3.4-2

二、打断命令

1. 功　能

打断命令可以删除对象的一部分，常用于打断线段、圆、圆弧、椭圆等，此命令既可以在一个点打断对象，也可以在指定的两点间打断对象。

2. 调　用

方法 1：下拉菜单【修改】—【打断】。

方法 2：工具栏。

方法 3：命令行输入 BR。

3. 步 骤

命令：BR

选择对象:（指定对象指定打断点 1）

指定第二个打断点 或 [第一点(F)]:（指定打断点 2）

任务实施

步骤 1：图层设置。设置粗实线、细实线、点画线的名称、线型、颜色等，且设置图形界限。

步骤 2：绘制 3 个同心圆，直径为 $\phi28$、$\phi53$、$\phi64$，如图 3.4-3 所示。

步骤 3：绘制构造线，与水平线之间的角度成 31°，如图 3.4-4 所示。

步骤 4：绘制 $R6$ 和 $R9$ 的圆，以及两条槽线，如图 3.4-5 所示。

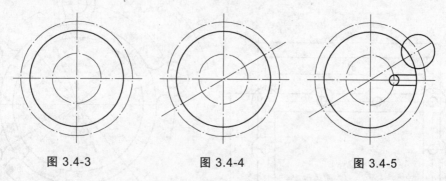

图 3.4-3   图 3.4-4   图 3.4-5

步骤 5：绘制构造线，与水平线之间角度成 60°，并且向下偏移 3，如图 3.4-6 所示。

步骤 6：对图形进行修剪，如图 3.4-7 所示。

步骤 7：以"间歇盘"为名保存文件。

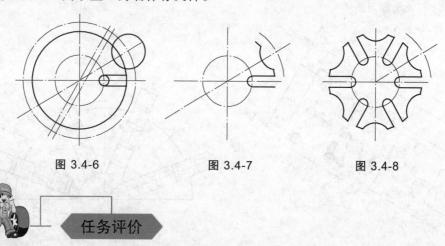

图 3.4-6   图 3.4-7   图 3.4-8

任务评价

	图层设置（10%）	图形界限（10%）	阵列（40%）	修剪（40%）	成绩
得分					

任务小结

对于图形结构有多个相似并且排列较规则的图形可以运用阵列命令，可以显著提高绘图的效率和正确率。

操作与练习

利用阵列、打断命令，抄画如下图例。

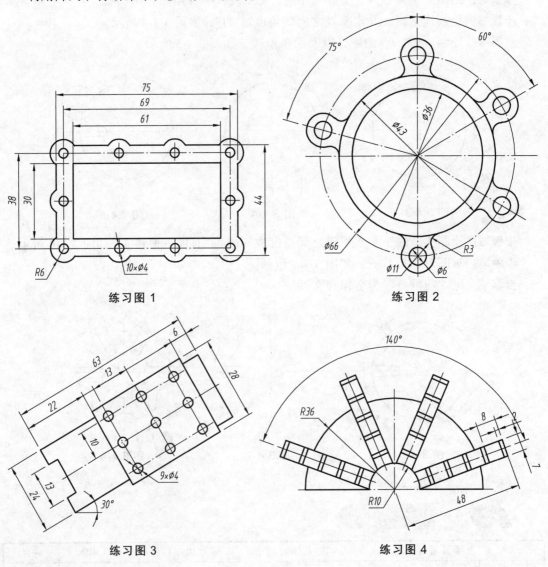

练习图 1

练习图 2

练习图 3

练习图 4

任务五 多功能尺的绘制——学习移动命令

任务导入

1. 绘图任务

设置相关的绘图环境，绘制如图 3.5-1 所示的多功能尺。

2. 绘图要求

（1）以自己的姓名加学号命名建立文件夹。

（2）将图形界限设置为 200×200，并设置如下图层：

标注线图层 BZX，线型 Continuous，线宽 0.25，颜色为绿色。

粗实线图层 CCX，线型 Continuous，线宽 0.5，颜色为白色。

点画线图层 DDX，线型 Center，线宽 0.25，颜色为红色。

（3）按绘图方式要求及尺寸抄画多功能尺，并以"多功能尺"为名存入刚才建立的文件夹。

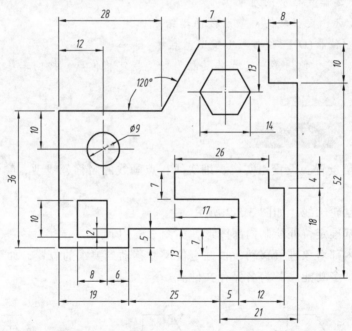

图 3.5-1

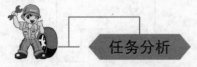

任务分析

多功能尺图形中轮廓内的图形与轮廓线没有接触，需先在定位处绘制出图形，然后再进行移动。

移动命令

1. 功 能

在绘图过程中，经常需要对图形对象进行移动，AutoCAD 提供的平移命令"MOVE"可以将对象从一个位置平移到另一个位置，平移过程中图形的大小、形状和倾斜角度均不变。

2. 调 用

方法 1：下拉菜单【修改】—【移动】。

方法 2：工具栏 ✛ 。

方法 3：命令行输入 M。

3. 步 骤

命令：M

选择对象：（选择要移动的对象）

选择对象：（选择要移动的对象或按回车结束选择）

指定基点或 [位移(D)] <位移>：（指定基点）

指定第二个点或 <使用第一个点作为位移>：（指定移位点，按回车结束）

步骤 1：图层设置。设置粗实线、细实线、点画线的名称、线型、颜色等，且设置图形界限。

步骤 2：绘制轮廓线，如图 3.5-2 所示。

步骤 3：在基准定位处绘制内部图形，如图 3.5-3 所示。

步骤 4：对内部对象进行移动，根据定位尺寸移动到要求的位置，如图 3.5-4 所示。

步骤 5：以"多功能尺"为名保存文件。

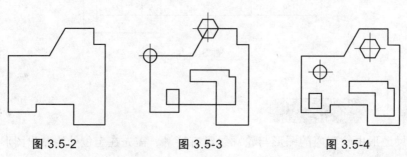

图 3.5-2　　　　　　图 3.5-3　　　　　　图 3.5-4

任务评价

	图层设置（10%）	图形界限（10%）	轮廓（40%）	内部图形（20%）	移动（20%）	成绩
得分						

任务小结

通过移动命令，可以对图形进行更方便的编辑，大大提高绘图效率。

操作与练习

根据下列视图补画第三视图，尺寸自定。

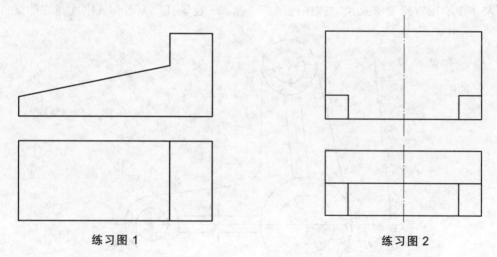

练习图1　　　　　　　　　　　　　　　练习图2

任务六 连轴杆的绘制——学习旋转命令

1. 绘图任务

设置相关的绘图环境，绘制如图 3.6-1 所示的连轴杆。

2. 绘图要求

（1）以自己的姓名加学号命名建立文件夹。

（2）将图形界限设置为 200×200，并设置如下图层：

标注线图层 BZX，线型 Continuous，线宽 0.25，颜色为绿色。

粗实线图层 CCX，线型 Continuous，线宽 0.5，颜色为白色。

（3）按绘图方式要求及尺寸抄画连轴杆，并以"连轴杆"为名存入刚才建立的文件夹。

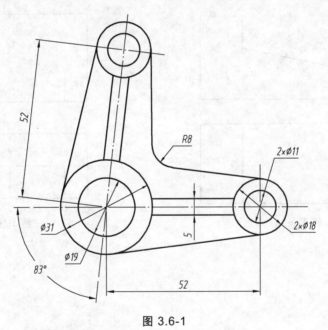

图 3.6-1

连轴杆图形是水平图像进行旋转复制后再进行修剪而成。

旋转命令

1. 功　能

通过选择一个基点和一个相对或绝对的旋转角度即可旋转对象，源对象可以删除也可以保留。指定一个相对角度将从对象的当前方向以相对角度绕基点旋转对象。默认设置逆时针方向旋转为正向，顺时针旋转为负向。

2. 调　用

方法1：下拉菜单【修改】—【旋转】。

方法2：工具栏 ○。

方法3：命令行输入 RO。

3. 步　骤

命令：RO

UCS 当前的正角方向：ANGDIR=逆时针　ANGBASE=0

选择对象：（选择要旋转的对象）

选择对象：（继续选择对象或按回车结束）

指定基点：（指定旋转基点）

指定旋转角度，或 [复制(C)/参照(R)] <0>：C（输入 C 复制选项）。

指定旋转角度，或 [复制(C)/参照(R)] <0>：（指定旋转角度）

步骤1：图层设置。设置粗实线、细实线、点画线的名称、线型、颜色等，且设置图形界限。

步骤2：绘制同心圆 ϕ19、ϕ31。

步骤3：再绘制同心圆 ϕ11、ϕ18，如图 3.6-2 所示。

步骤4：绘制连接线，如图 3.6-3 所示。

步骤5：用旋转命令进行复制旋转，如图 3.6-4 所示。

步骤6：以"多功能尺"为名保存文件。

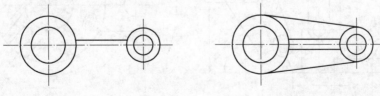

图 3.6-2　　　　　　　　　　　图 3.6-3

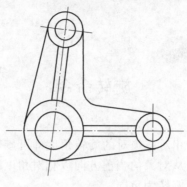

图 3.6-4

任务评价

	图层设置（10%）	图形界限（10%）	水平图形（40%）	旋转复制（40%）	成绩
得分					

任务小结

通过旋转命令可以快速地绘制出相同图像，并且可以指定角度进行旋转。

操作与练习

利用旋转命令，抄画如下图例。

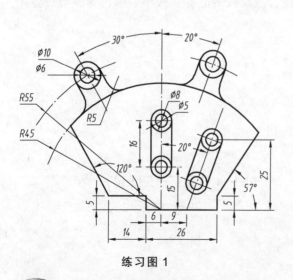

练习图 1

练习图 2

任务七　盖板的绘制——学习对齐命令

任务导入

1. 绘图任务

设置相关的绘图环境，绘制如图 3.7-1 所示的盖板。

2. 绘图要求

（1）以自己的姓名加学号命名建立文件夹。

（2）将图形界限设置为 200×200，并设置如下图层：

标注线图层 BZX，线型 Continuous，线宽 0.25，颜色为绿色。

粗实线图层 CCX，线型 Continuous，线宽 0.5，颜色为白色。

点画线图层 DDX，线型 Center，线宽 0.25，颜色为红色。

（3）按绘图方式要求及尺寸抄画盖板，并以"盖板"为名存入刚才建立的文件夹。

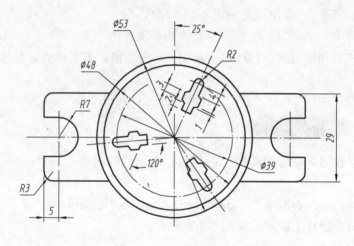

图 3.7-1

任务分析

　　盖板图形绘制的难点在于绘制三个相同的船形孔，可以通过对齐和阵列命令来绘制。

对齐命令

1. 功 能

可以通过移动、旋转或倾斜对象来使该对象与另一个对象对齐。

2. 调 用

方法 1：下拉菜单【修改】—【三维操作】—【对齐】。

方法 2：命令行输入 AL。

3. 步 骤

命令：AL

选择对象：（选择要对齐的对象）

选择对象：（继续选择对象或按回车结束）

指定第一个源点：（指定第一个源点）

指定第一个目标点：（指定相应的目标点）

指定第二个源点：（指定第二个源点）

指定第二个目标点：（指定相应的目标点）

指定第三个源点或 <继续>:（按回车结束选择源点）

是否基于对齐点缩放对象？[是(Y)/否(N)] <否>:（按回车不缩放对象）

步骤 1：图层设置。设置粗实线、细实线、点画线的名称、线型、颜色等，且设置图形界限。

步骤 2：绘制三个同心圆 $\phi39$、$\phi48$、$\phi53$，如图 3.7-2 所示。

步骤 3：绘制右边耳朵图形，如图 3.7-3 所示。

图 3.7-2

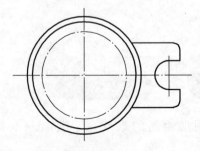

图 3.7-3

步骤4：运用镜像命令镜像左边耳朵，如图 3.7-4 所示。

步骤5：在空处绘制水平的船形孔，如图 3.7-5 所示。

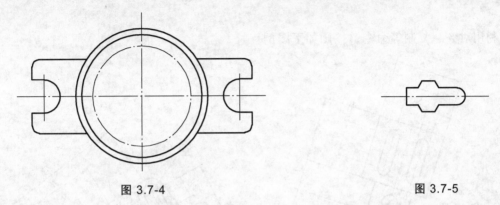

图 3.7-4 　　　　　　　　　　　　　　　　　　　　图 3.7-5

步骤6：绘制与铅垂线成 25°的构造线，运用对齐命令把船形孔放在位置上，如图 3.7-6 所示。

步骤7：使用阵列命令阵列船形孔，如图 3.7-7 所示。

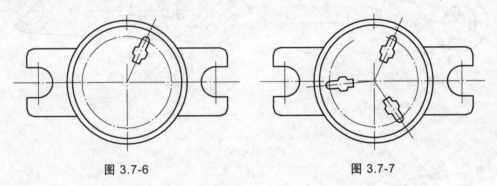

图 3.7-6 　　　　　　　　　　　　　　　　图 3.7-7

步骤8：以"盖板"为名保存文件。

任务评价

	图层设置（10%）	轮廓图形（20%）	耳朵（20%）	船形孔（40%）	成绩
得分					

任务小结

通过对齐命令，可以将图形中倾斜的对象在水平面上先绘制再进行对齐，简化了绘图的过程，提高了绘图效率。

操作与练习

利用对齐、复制等命令，抄画如下图例。

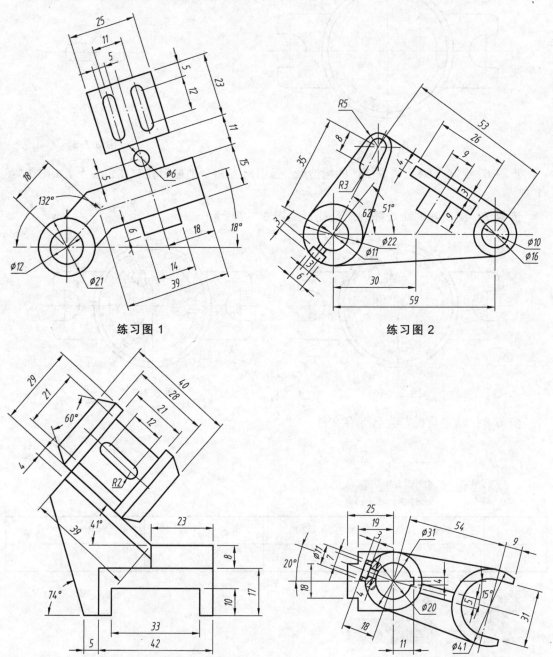

练习图 1

练习图 2

练习图 3

练习图 4

任务八　托盘的绘制——学习倒圆角命令

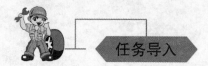

1. 绘图任务

设置相关的绘图环境，绘制如图 3.8-1 所示的托盘。

2. 绘图要求

（1）以自己的姓名加学号命名建立文件夹。

（2）将图形界限设置为 200×200，并设置如下图层：

标注线图层 BZX，线型 Continuous，线宽 0.25，颜色为绿色。

粗实线图层 CCX，线型 Continuous，线宽 0.5，颜色为白色。

点画线图层 DDX，线型 Center，线宽 0.25，颜色为红色。

（3）按绘图方式要求及尺寸抄画托盘，并以"托盘"为名存入刚才建立的文件夹。

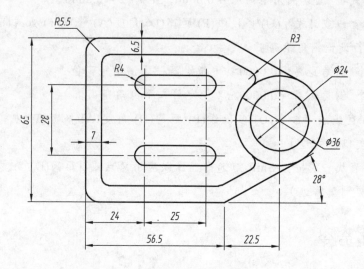

图 3.8-1

绘制托盘，可以综合运用倒角、圆角以及偏置等编辑命令，能显著加快绘图的速度。

知识链接

一、倒角命令

1. 功 能

倒角命令是把两条相交线从相交处裁剪指定的长度，并用一条新线段连接两个剪切边的端点。在机械图样中常被用来绘制工艺结构。

2. 调 用

方法 1：下拉菜单【修改】—【倒角】。

方法 2：工具栏⌐。

方法 2：命令行输入 CHA。

3. 步 骤

命令：CHA

（"修剪"模式） 当前倒角距离 1 = 0.0000，距离 2 = 0.0000

选择第一条直线或 [放弃(U)/多段线(P)/距离(D)/角度(A)/修剪(T)/方式(E)/多个(M)]：D（输入选项 D 进行设置倒角距离）

指定 第一个 倒角距离 <0.0000>：（指定第一个倒角距离值）

指定 第二个 倒角距离 <0.0000>：（指定第二个倒角距离值）

选择第一条直线或 [放弃(U)/多段线(P)/距离(D)/角度(A)/修剪(T)/方式(E)/多个(M)]：（选择第一条需要倒角的边）

选择第二条直线，或按住 Shift 键选择直线以应用角点或 [距离(D)/角度(A)/方法(M)]：（选择第二条需要倒角的边）

二、圆角命令

1. 功 能

可以为直线、多段线、圆、圆弧等倒圆角。

2. 调 用

方法 1：下拉菜单【修改】—【圆角】。

方法 2：工具栏⌐。

方法 2：命令行输入 F。

3. 步 骤

命令: F

当前设置: 模式 = 修剪, 半径 = 0.0000

选择第一个对象或 [放弃(U)/多段线(P)/半径(R)/修剪(T)/多个(M)]: R(输入 R 选项指定圆角半径)

指定圆角半径 <0.0000>:(输入圆角半径)

选择第一个对象或 [放弃(U)/多段线(P)/半径(R)/修剪(T)/多个(M)]:(单击第一个圆角边)

选择第二个对象, 或按住 Shift 键选择对象以应用角点或 [半径(R)]:(单击第二个圆角边)

任务实施

步骤 1: 图层设置。设置粗实线、细实线、点画线的名称、线型、颜色等, 且设置图形界限。

步骤 2: 绘制两个同心圆 $\phi24$、$\phi36$, 如图 3.8-2 所示。

步骤 3: 绘制外轮廓, 如图 3.8-3 所示。

图 3.8-2

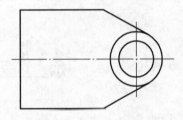

图 3.8-3

步骤 4: 运用偏置和修剪命令, 结果如图 3.8-4 所示。

步骤 5: 运用直线命令绘制如图 3.8-5 所示的直线。

步骤 6: 运用圆角命令绘制键槽圆角, 如图 3.8-6 所示。

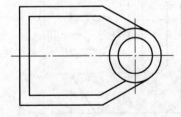

图 3.8-4

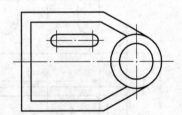

图 3.8-5

步骤 7: 运用镜像命令绘制另一个键槽, 如图 3.8-6 所示。

步骤 8: 运用圆角命令绘制轮廓中的圆角, 如图 3.8-7 所示。

步骤 9: 运用倒角命令绘制轮廓中的倒角, 如图 3.8-8 所示。

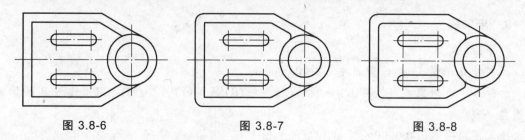

图 3.8-6   图 3.8-7   图 3.8-8

步骤 10： 以"托盘"为名保存文件。

任务评价

	图层设置（10%）	轮廓图形（30%）	键槽（30%）	倒圆角（30%）	成绩
得分					

任务小结

运用圆角和倒角命令可显著加快绘图速度，提高绘图效率。

操作与练习

利用倒角、圆角命令，抄画如下图例。

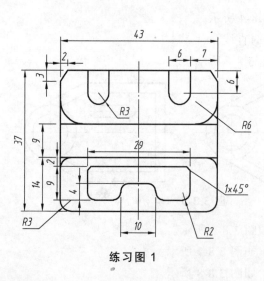

练习图 1

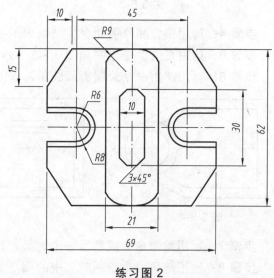

练习图 2

任务九　倒滑件的绘制——学习比例缩放、拉伸命令

任务导入

1. 绘图任务

设置相关的绘图环境，绘制如图 3.9-1 所示的倒滑件。

2. 绘图要求

（1）以自己的姓名加学号命名建立文件夹。

（2）将图形界限设置为 200×200，并设置如下图层：

标注线图层 BZX，线型 Continuous，线宽 0.25，颜色为绿色。

粗实线图层 CCX，线型 Continuous，线宽 0.5，颜色为白色。

点画线图层 DDX，线型 Center，线宽 0.25，颜色为红色。

（3）按绘图方式要求及尺寸抄画倒滑件，并以"倒滑件"为名存入刚才建立的文件夹。

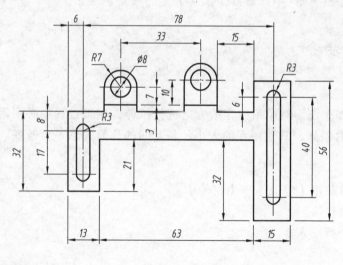

图 3.9-1

任务分析

倒滑件图形的两个倒滑槽相似，不同点就是长度不一样；两个定位孔结构和尺寸一样，不同点是长度不一样，对于这样的图形可以采用复制加拉伸的方法进行绘制。

知识链接

一、缩放命令

1. 功　能

可以将对象按指定的比例因子相对于基点放大或缩小，也可以把对象缩放到指定的尺寸。

2. 调　用

方法 1：下拉菜单【修改】—【缩放】。

方法 2：工具栏 。

方法 2：命令行输入 SC。

3. 步　骤

命令：SC

选择对象：（选择所要缩放的对象）

选择对象：（继续选择对象或按回车结束选择）

指定基点：（指定缩放基点）

指定比例因子或 [复制(C)/参照(R)]：（指定缩放比例因子）

二、拉伸命令

1. 功　能

可以一次将多个图形对象沿指定的方向进行拉伸，编辑过程中必须用交叉窗口选择对象，除被选中的对象外，其他图元的大小及相互间的几何关系不会改变。

2. 调　用

方法 1：下拉菜单【修改】—【拉伸】。

方法 2：工具栏 。

方法 3：命令行输入 S。

3. 步　骤

命令：S

以交叉窗口或交叉多边形选择要拉伸的对象…

选择对象：指定对角点：（用窗口方式选择要拉伸的对象）

选择对象:（继续选择对象或按回车结束）

指定基点或 [位移(D)]<位移>：（指定基点）

指定第二个点或 <使用第一个点作为位移>:（移动鼠标指引方向并指定第 2 个点）

任务实施

步骤 1：图层设置。设置粗实线、细实线、点画线的名称、线型、颜色等，且设置图形界限。

步骤 2：绘制左边图形，如图 3.9-2 所示。

步骤 3：运用镜像命令镜像复制出另外一半图像，如图 3.9-3 所示。

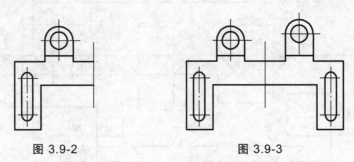

图 3.9-2　　　　　　　　　　图 3.9-3

步骤 4：运用拉伸命令对左边的定位环和滑槽进行拉伸，如图 3.9-4 所示。

步骤 5：以"倒滑件"为名保存文件。

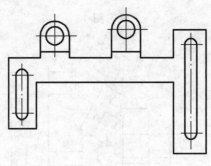

图 3.9-4

任务评价

	图层设置（10%）	左边图形（30%）	镜像（30%）	拉伸（30%）	成绩
得分					

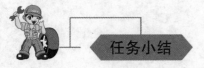

任务小结

通过本任务图形的绘制，可以熟练运用缩放、拉伸等命令加快绘图的效率。

操作与练习

利用比例缩放、拉伸命令，抄画如下图例。

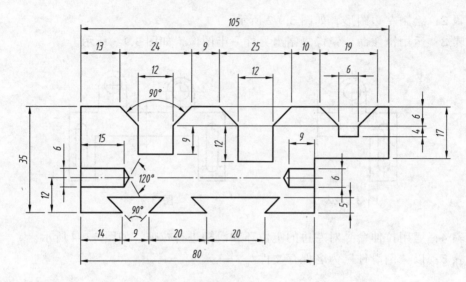

练习图 1

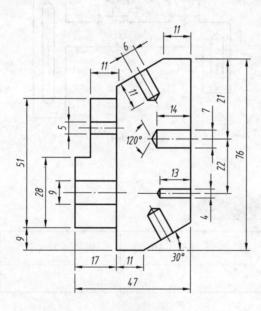

练习图 2

项目三综合练习题

以自己的姓名加学号命名建立文件夹，利用项目三所学的绘图技法，抄画如下图例，达到巩固知识、提高绘图技能的目的。

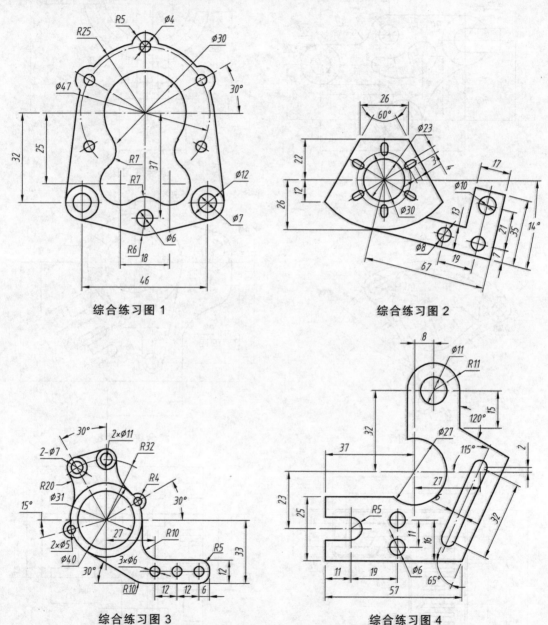

综合练习图 1

综合练习图 2

综合练习图 3

综合练习图 4

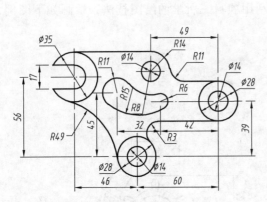

综合练习图 5

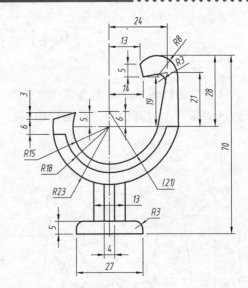

综合练习图 6

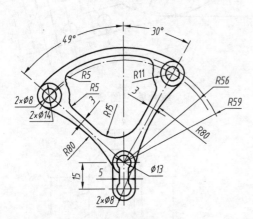

综合练习图 7

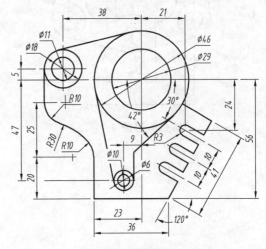

综合练习图 8

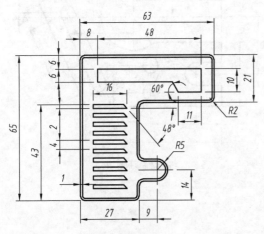

综合练习图 9

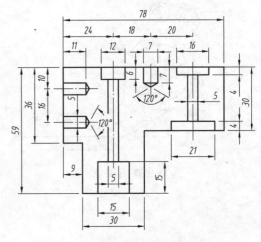

综合练习图 10

项目四　文字与尺寸标注

文字注写是图形中很重要的一部分，进行各种图形设计与绘制时，不仅要绘出图形，还要在图形中标注一些文字，如技术要求，注释说明等，对图形对象加以解释。尺寸标注是绘图设计过程中相当重要的一个环节，AutoCAD 提供了便捷、准确的标注尺寸功能。本项目主要介绍文字与尺寸的标注。

■ 知识目标

掌握文字样式的参数设置值。

掌握尺寸样式的参数设置值。

掌握块的创建原理。

■ 技能目标

学会文字样式的设置、文字的标注。

学会尺寸样式的设置、尺寸的标注。

学会块的创建、编辑和使用。

任务一　标题栏的绘制——学习文字的创建

任务导入

1. 绘图任务

设置相关的绘图环境，绘制如图 4.1-1 所示的标题栏。

2. 绘图要求

（1）以自己的姓名加学号命名建立文件夹。

（2）将图形界限设置为 200×200，并设置如下图层：

标注线图层 BZX，线型 Continuous，线宽 0.25，颜色为绿色。

粗实线图层 CCX，线型 Continuous，线宽 0.5，颜色为白色。

（3）按绘图方式要求及尺寸抄画标题栏，并以"标题栏"为名存入刚才建立的文件夹。

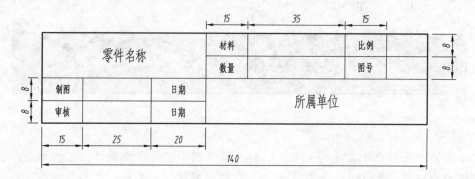

图 4.1-1

任务分析

文字是工程图样中不可缺少的一部分。为了完整地表达设计思路，除了正确地用图形表达物体的形状、结构外，还要在图样中标注尺寸、注写技术要求、填写标题栏等，这些内容都要注写文字或数字。

知识链接

一、文字样式设置

1. 功　能

对文字的样式、大小、高宽比及放置方式进行设置。

2. 调　用

方法 1：下拉菜单【格式】—【文字样式】。
方法 2：工具栏 Ａ。
方法 2：命令行输入 ST。

3. 步　骤

命令：ST（显示"文字样式"对话框，如图 4.1-2 所示）。
单击 新建(N)... ，输入样式名"大文字样式"，如图 4.1-3 所示。
选择字体名为"T 仿宋 GB2312"，高度为"5"，宽度因子为"0.7"，如图 4.1-4 所示。
再点击 新建(N)... 命令，输入样式名为"小文字样式"。
选择字体名为"T 仿宋 GB2312"，高度为"3.5"，宽度因子为"0.7"，如图 4.1-5 所示。

图 4.1-2

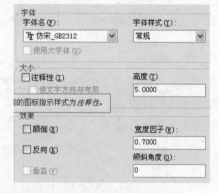

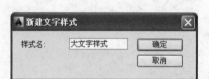

图 4.1-3

图 4.1-4

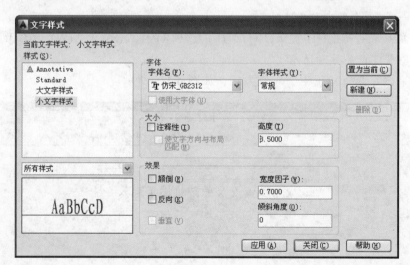

图 4.1-5

二、单行文本的文字标注

1. 调 用

方法 1：下拉菜单【绘图】—【文字】—【单行文字】。

方法 2：命令行输入 DT。

2. 步 骤

命令：DT

当前文字样式："小文字样式"文字高度：3.5000　注释性：否　对正：左

指定文字的起点 或 [对正(J)/样式(S)]:（拾取一点作为起始位置）

指定文字的旋转角度 <0>:（输入文字倾斜角度或按回车接受缺省）

在绘图区域输入文字：

输入文字，并选择适宜的对齐方式。

三、多行文本的文字标注

1. 调 用

方法 1：下拉菜单【绘图】—【文字】—【多行文字】。

方法 2：工具栏 **A**。

方法 3：命令行输入 T。

2. 步 骤

命令：T

当前文字样式："大文字样式"文字高度：5　注释性：否

指定第一角点:（单击对角点 1）

指定对角点或 [高度(H)/对正(J)/行距(L)/旋转(R)/样式(S)/宽度(W)/栏(C)]:（单击对角点 2，弹出文字格式书写对话框）

输入文字，并选择"正中"对齐方式，如图 4.1-6 所示。

图 4.1-6

注：创建文字时，通过在"输入样式名"提示下输入样式名来指定现有样式。如果需要将格式应用到独立的词语和字符，则使用多行文字而不是单行文字。一般地，一些简单

文字如剖切位置的字母符号、标记（A、B、A-B等）用单行文字书写，而标题栏信息、技术要求等常采用多行文字书写。

任务实施

步骤1：图层设置。设置粗实线、细实线、点画线的名称、线型、颜色等，且设置图形界限。

步骤2：设置文字样式，样式名为"大文字字体"，字体名为"T仿宋GB2312"，高度为"5"，宽度因子"0.7"；再新建，设置文字样式，样式名为"小文字字体"，字体名为"T仿宋GB2312"，高度为"3.5"，宽度因子为"0.7"。

步骤3：运用"L"、"O"、"TR"命令绘制标题栏线框，如图4.1-7所示。

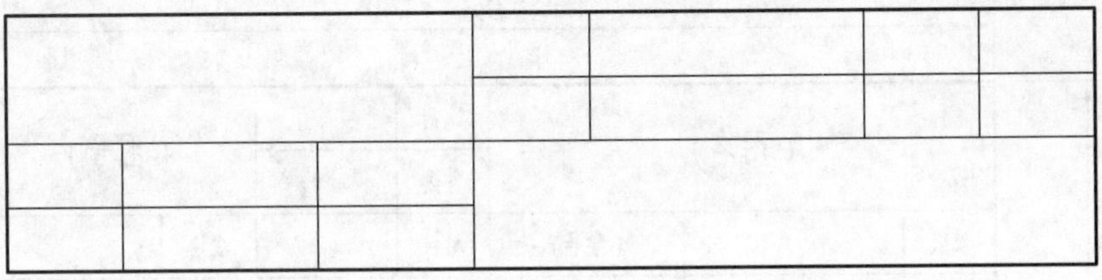

图 4.1-7

步骤4：文字的创建。选择"大文字字体"创建"零件名称"和"所属单位"，其余文字创建选用"小字字体"，如图4.1-8所示。

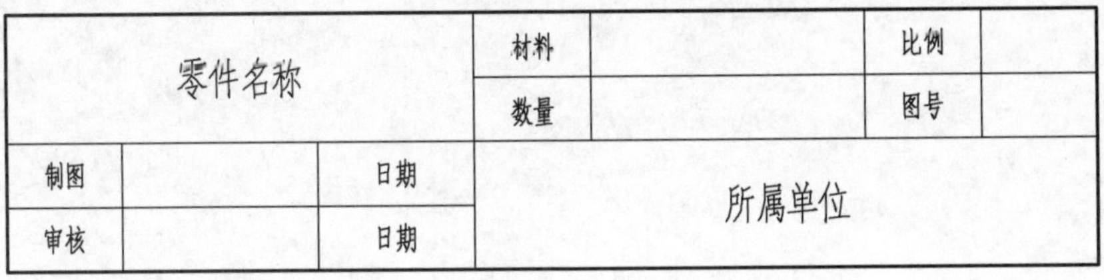

零件名称		材料		比例	
		数量		图号	
制图		日期		所属单位	
审核		日期			

图 4.1-8

步骤5：以"标题栏"为名保存文件。

任务评价

	图层设置（10%）	绘制标题栏（30%）	文字样式设置（30%）	文字标注（30%）	成绩
得分					

任务小结

通过标题栏的绘制，掌握文字字体的设置，为后续的标准图框绘制打下基础。

操作与练习

利用直线命令，直线偏移、剪切等命令，抄画如下标题栏，并进行文字注写与尺寸标注。要求将尺寸样式设置成：超出尺寸线 2.5，文字对齐为 ISO，主单位小数分隔符为 "。"，精度为 "0.0"。

练习图 1

任务二　标注前的尺寸设置——学习尺寸样式的定制

在尺寸标注前必须要对尺寸的样式进行设置，以符合我国当前的国家标准要求。本任务要求掌握尺寸样式的设置。

本任务的开展必须先学习掌握标注样式的设置以及标注样式中文字的设置。

标注样式设置

1. 功　能

对标注的样式及放置方式等进行设置。

2. 调　用

方法1：下拉菜单【格式】—【标注样式】。

方法2：工具栏 。

方法2：命令行输入 D。

3. 步　骤

命令：D（显示"标注样式"对话框，如图4.2-1所示）。

单击 新建(N)... ，在新样式名输入样式名"尺寸样式"，如图4.2-2所示。

单击"继续"，弹出如图4.2-3所示的对话框。对线、符号和箭头、文字、调整、主单位等进行设置。

（1）线：尺寸界线超出尺寸线"2"，其他选项不变，按默认设置。

（2）符号和箭头：设置箭头大小为"3.5"，其他选项不变，按默认设置。

（3）文字：单击 ... ，再单击 新建(N)... ，输入样式名为"标注文字"，如图4.2-4所示。

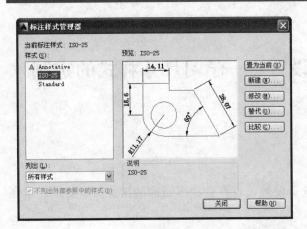

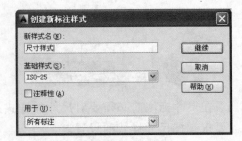

图 4.2-1   图 4.2-2

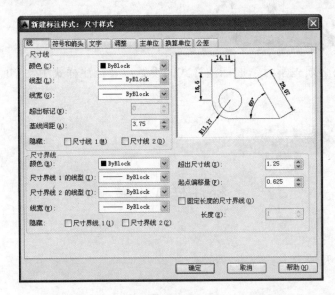

图 4.2-3

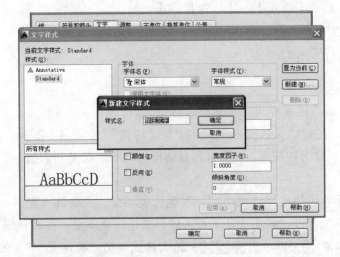

图 4.2-4

选择字体为"gbeitc.shx",勾选使用大字体,大字体为"gbcbig.shx",文字高度为3.5,其他选项不变,按默认设置。然后选择"标注文字"样式为尺寸标注样式,如图4.2-5所示。

(4)主单位:设置"小数分隔符"为"句号",单击"确定"。

再单击 新建(N)...,在"新样式名"输入"角度",用于"角度标注",单击继续,如图4.2-6所示。

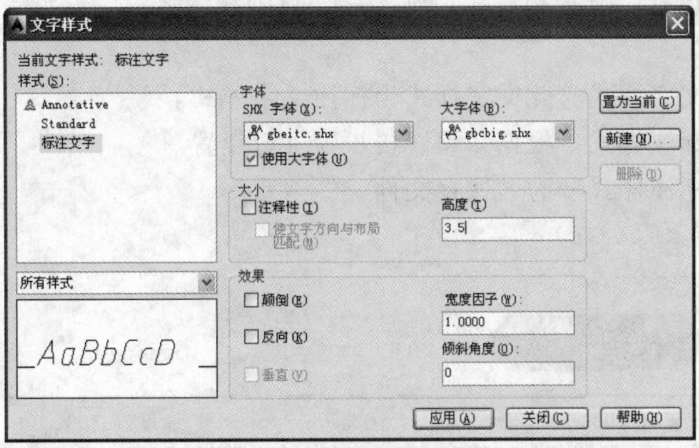

图 4.2-5

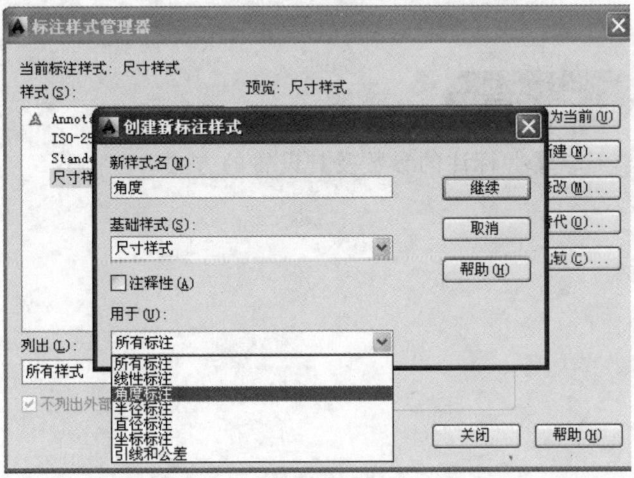

图 4.2-6

在出现的对话框中,选择文字项,文字位置为垂直"外部",文字对齐为"水平",如图4.2-7所示。

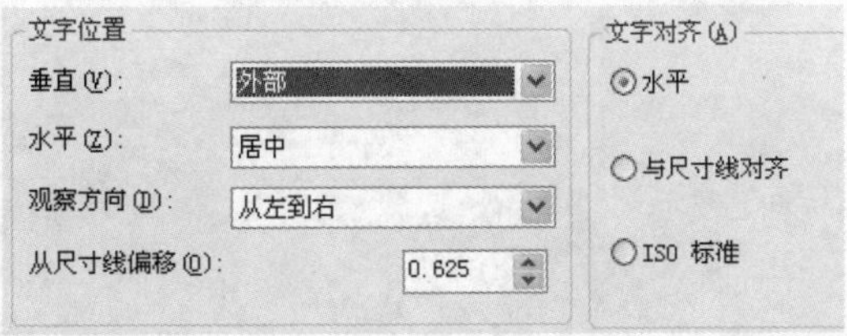

图 4.2-7

另外，如若要对半径、直径的标注样式进行设置，可按上述步骤再予以新建。

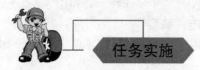

任务实施

步骤 1：图层设置。设置粗实线、细实线、点画线的名称、线型、颜色等，且设置图形界限。

步骤 2：设置文字样式。此文字样式为标注文字样式。

步骤 3：设置标注样式。根据知识链接步骤进行设置。

步骤 4：以"标注样式"为名保存文件。

任务评价

	文字设置（30%）	尺寸（50%）	角度（20%）	成绩
得分				

任务小结

通过本任务的学习，掌握标注的参数及其设置的方法。

任务三　夹具底座的绘制——学习尺寸的标注

任务导入

1. 绘图任务

设置相关的绘图环境，绘制如图 4.3-1 所示的夹具底座图形。

2. 绘图要求

（1）以自己的姓名加学号命名建立文件夹。

（2）将图形界限设置为 200×200，并设置如下图层：

标注线图层 BZX，线型 Continuous，线宽 0.25，颜色为绿色。

粗实线图层 CCX，线型 Continuous，线宽 0.5，颜色为白色。

（3）按绘图方式要求及尺寸抄画夹具底座，并且进行尺寸标注，以"夹具底座"为名存入刚才建立的文件夹。

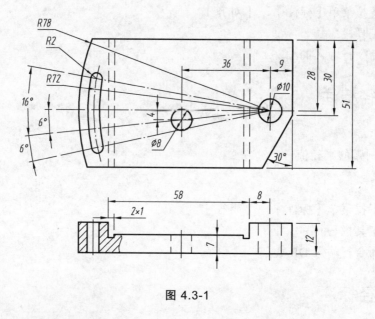

图 4.3-1

任务分析

本任务的重点在于进行尺寸的标注，在标注前需先对尺寸样式进行设置。

知识链接

一、线性标注

1. 功 能

标注水平或垂直两点、线之间的距离。

2. 调 用

方法 1：下拉菜单【标注】—【线性】。

方法 2：工具栏 。

方法 3：命令行输入 DLI。

二、对齐标注

1. 功 能

标注倾斜的两点、线之间的距离。

2. 调 用

方法 1：下拉菜单【标注】—【对齐】。

方法 2：工具栏 。

方法 3：命令行输入 DAL。

三、半径标注

1. 功 能

标注圆或圆弧的半径值。

2. 调 用

方法 1：下拉菜单【标注】—【半径】。

方法 2：工具栏 。

方法 3：命令行输入 DRA。

四、直径标注

1. 功 能

标注圆或圆弧的直径值。

2. 调 用

方法 1：下拉菜单【标注】—【直径】。

方法 2：工具栏 。

方法 3：命令行输入 DDI。

五、角度标注

1. 功　能

标注直线间的夹角或圆和圆弧的角度。

2. 调　用

方法 1：下拉菜单【标注】—【角度】。

方法 2：工具栏 △。

方法 3：命令行输入 DAN。

另外，对尺寸标注进行编辑，可选择"（多行文字）M"进行编辑，常用的几个符号代号如表 4.3-1 所示。

表 4.3-1

名称	符号	代码
直径名称	ϕ	%%C
正负号	±	%%P
度数符号	°	%%D

任务实施

步骤 1：图层设置。设置粗实线、细实线、点画线的名称、线型、颜色等，且设置图形界限。

步骤 2：文字设置及尺寸标注设置。

步骤 3：根据尺寸要求绘制图形，如图 4.3-2 所示。

步骤 4：进行尺寸标注，如图 4.3-3 所示。

步骤 5：以"夹具底座"为名保存文件。

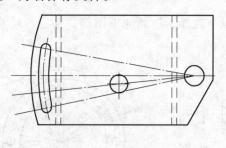

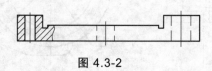

图 4.3-2

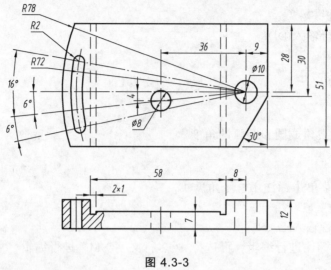

图 4.3-3

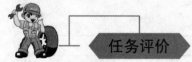

任务评价

	图形绘制（50%）	尺寸设置（15%）	尺寸标注（35%）	成绩
得分				

任务小结

通过本任务的学习，掌握尺寸设置与尺寸的标注方法。

操作与练习

利用本任务所学的知识与技能，抄画如下图例，并进行尺寸标注。

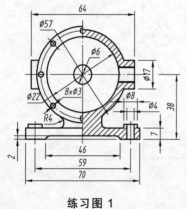

练习图 1

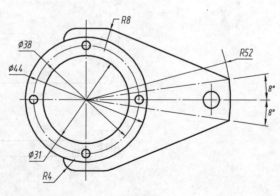

练习图 2

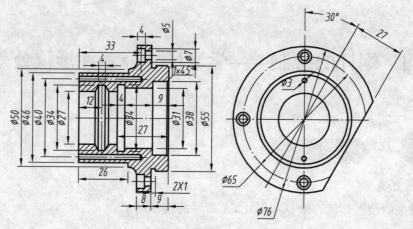

练习图 3

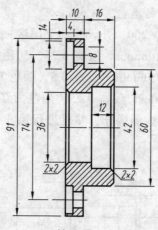

练习图 4

任务四 蜗杆的绘制——学习尺寸公差和形位公差标注

1. 绘图任务

设置相关的绘图环境，绘制如图 4.4-1 所示的蜗杆图形。

2. 绘图要求

（1）以自己的姓名加学号命名建立文件夹。

（2）将图形界限设置为 200×200，并设置如下图层：

标注线图层 BZX，线型 Continuous，线宽 0.25，颜色为绿色。

粗实线图层 CCX，线型 Continuous，线宽 0.5，颜色为白色。

点画线图层 DDX，线型 Center，线宽 0.25，颜色为红色。

（3）按绘图方式要求及尺寸抄画蜗杆，并且进行尺寸标注，以"蜗杆"为名存入刚才建立的文件夹。

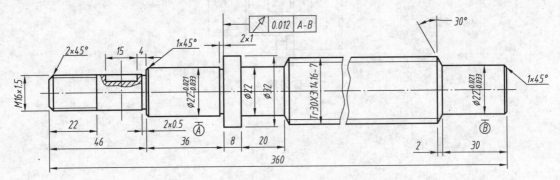

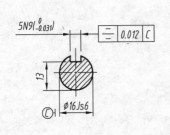

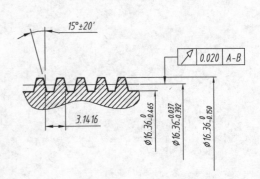

图 4.4-1

本任务的重点和难点在于尺寸标注中的尺寸公差标注和形位公差标注。

一、尺寸公差的标注

1. 功　能

标注尺寸公差。

2. 调　用

在这里以线性标注为例，AutoCAD 提示如下：

命令：DLI

指定第一个尺寸界线原点或 <选择对象>:（指定标注第一点）

指定第二条尺寸界线原点:（指定标注第二点）

指定尺寸线位置或[多行文字(M)/文字(T)/角度(A)/水平(H)/垂直(V)/旋转(R)]: M（输入选项 M 多行文字，按回车显示如图 4.4-2 所示）

图 4.4-2

输入"上偏差值"+"^"+"下偏差值"，如图 4.4-3 所示。

图 4.4-3

选中上述输入的"偏差值"+"^"+"下偏差值"，单击堆叠 ，显示如图 4.4-4 所示。单击"确定"。

图 4.4-4

二、形位公差的标注

1. 功 能

标注形位公差。

2. 调 用

方法 1：下拉菜单【标注】—【公差】。

方法 2：工具栏 ⊞ 。

方法 3：命令行输入 LE。

3. 步 骤

命令：LE

指定第一个引线点或 [设置(S)] <设置>：S（第一次时输入 S 选项，在图 4.4-5 中选择"公差"）

指定第一个引线点或 [设置（S）] <设置>:（指定箭头的第一点）

指定下一点:（指定箭头的下一点）

指定下一点:（指定箭头的第一点，显示如图 4.4-6 所示）

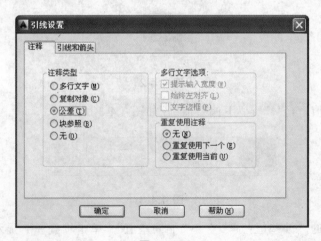

图 4.4-5

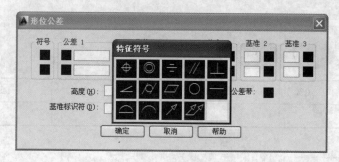

图 4.4-6

步骤 1：图层设置。设置粗实线、细实线、点画线的名称、线型、颜色等，且设置图形界限。

步骤 2：进行文字设置，尺寸标注设置。

步骤 3：根据尺寸绘制图形轮廓，如图 4.4-7 所示。

步骤 4：尺寸标注和尺寸公差标注。

步骤 5：形位公差标注，如图 4.4-8 所示。

步骤 6：以"蜗杆"为名保存文件。

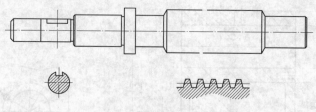

图 4.4-7

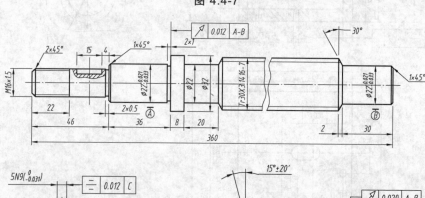

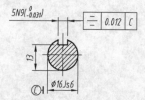

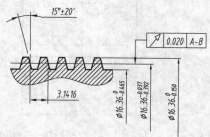

图 4.4-8

任务评价

	图形绘制（50%）	尺寸设置（10%）	尺寸标注（25%）	公差（15%）	成绩
得分					

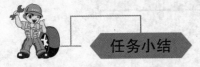

任务小结

通过本任务的学习，掌握尺寸公差和形位公差的标注方法。

操作 与 练习

利用本任务所学的知识与技能，抄画如下图例，标注图形中的形位公差和尺寸公差。

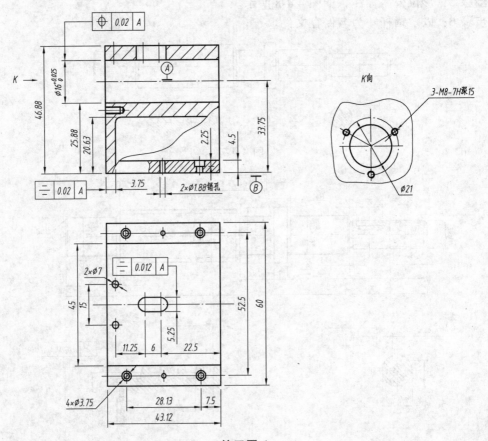

练习图 1

项目五　视图的绘制

本项目通过绘制零件的基本视图、图案填充、样条曲线的绘制以及块的操作，学习并掌握 AutoCAD 绘制机械零件的基本视图及制图技巧。

■■ 知识目标

熟悉样条曲线的绘制命令。

理解图案填充命令的概念和功能。

掌握块操作的技巧。

掌握 AutoCAD 三视图的绘制技巧。

■■ 技能目标

学会使用图案填充命令来绘制剖面线。

学会使用样条曲线命令绘制剖面区域的边界。

学会使用块的操作，完成视图中表面质量的标注。

对于常用基本视图相关命令，通过绘图实践，能够熟练运用。

任务一　三通的绘制——学习样条曲线及填充命令

任务导入

1. 绘图任务

设置相关的绘图环境，绘制如图 5.1-1 所示的图形。

2. 绘图要求

（1）以自己的姓名加学号命名建立文件夹。

（2）按尺寸抄画图形，完成样条曲线的绘制，并填充剖面线，如图 5.1-1 所示。

（3）要求线型、线宽合适，并以"三通"为名存入刚才建立的文件夹。

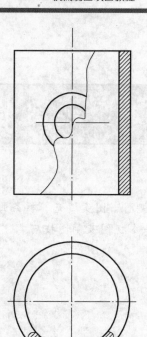

图 5.1-1

本任务图形是一个零件的主视图和俯视图。两个视图都采用了局部剖视的表达方案，可以综合运用样条曲线命令与图案填充命令，完成本任务图形的绘制。

一、样条曲线命令

1. 功 能

用于绘制通过某些拟合点（接近控制点）的光滑曲线，所绘制的曲线可以是二维曲线。也可以是三维曲线。

2. 执行方式

（1）单击"默认"选项卡—"绘图"面板—"样条曲线"按钮。

（2）选择菜单栏"绘图"—"样条曲线"命令。

（3）单击"绘图"工具栏"样条曲线"按钮。

（4）在命令行输入 Spline。

（5）使用快捷键 SPL。

二、填充图案命令

1. 功　能

"图案"是由各种图线进行不同的排列组合而构成的图形元素，此类图形元素作为一个独立的整体，被填充到各种封闭的区域内，以表达各自的图形信息。

2. 执行方式

（1）单击"默认"选项卡—"绘图"面板—"图案填充"按钮。

（2）选择菜单栏"绘图"—"图案填充"命令。

（3）单击"绘图"工具栏"图案填充"按钮。

（4）命令行输入 Bhatch。

（5）使用快捷键 H 或 BH。

任务实施

步骤 1：图层设置，设置粗实线、细实线、点画线的名称、线型、线宽、颜色等。

步骤 2：按照给定尺寸绘制主视图和俯视图，如图 5.1-2 所示。

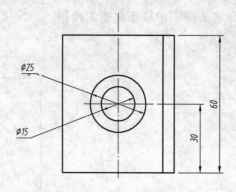

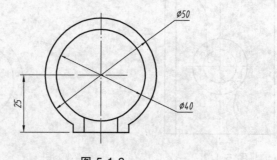

图 5.1-2

步骤 3：打开"对象捕捉"功能，并设置捕捉模式为节点捕捉。

步骤 4：单击"默认"选项卡—"绘图"面板—"样条曲线"按钮，执行"样条曲线"命令。配合节点捕捉功能绘制样条曲线。命令行操作如下：

命令：Spline

当前设备：方式＝拟合　节点＝弦

指定第一个点或 [方式(M)/节点(K)对象(O)]：*取消*

命令：

命令：_erase 找到 1 个

命令：

命令：

命令：Spline

当前设置：方式＝拟合　节点＝弦

指定第一个点或[方式(M)/节点(K)/对象(O)]：_nea 到

输入下一个点或[起点切向(T)/公差(L)]：

输入下一个点或[端点相切(T)/公差(L)/放弃(U)]：

输入下一个点或[端点相切(T)/公差(L)/放弃(U)/闭合(C)]：

输入下一个点或[端点相切(T)/公差(L)/放弃(U)/闭合(C)]：

输入下一个点或[端点相切(T)/公差(L)/放弃(U)/闭合(C)]：_nea 到

输入下一个点或[端点相切(T)/公差(L)/放弃(U)/闭合(C)]：

绘制结果如图 5.1-3 所示。

步骤 5：以同样方法完成俯视图中样条曲线的绘制，并应用修剪命令将多余部分修剪掉。绘制结果如图 5.1-4 所示。

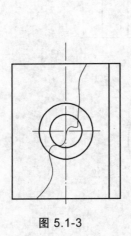

图 5.1-3

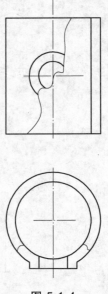

图 5.1-4

步骤 6：单击"默认"选项卡—"绘图"面板—"图案填充"按钮，弹出"图案填充和渐变色"对话框，如图 5.1-5 所示。

图 5.1-5

步骤 7：单击"样列"框中的图案，或单击"图案"列表右端的按钮，弹出"填充图案选项板"对话框，然后选择如图 5.1-6 所示的图案。

步骤 8：单击"确定"按钮，返回"图案填充和渐变色"对话框，设置填充角度和填充比例。

步骤 9：在"边界"选项组中单击"添加：选择对象"按钮，返回绘图区，分别在要填充剖面线的区域内部单击，指定填充边界。

步骤 10：按 Enter 键返回"图案填充和渐变色"对话框，单击"确定"按钮，填充结果如图 5.1-7 所示。

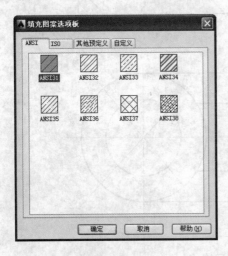

图 5.1-6

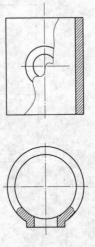

图 5.1-7

步骤 11：以"5.1-7"为名保存文件。

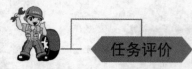
任务评价

	主视图轮廓（40%）	俯视图轮廓（40%）	剖面线（10%）	初始设置（10%）	成绩
得分					

任务小结

（1）在使用"图案填充"命令时，"角度"下拉列表用于设置图案的倾斜程度；"比例"下拉列表用于设置图案的填充比例。

（2）"添加：选择对象"按钮 ▣ 用于直接选择需要填充的单个闭合图形，作为填充边界。

操作与练习

利用本任务所学的知识与技能，抄画如下图例，熟悉并掌握样条曲线命令和图案填充命令的运用及技巧。

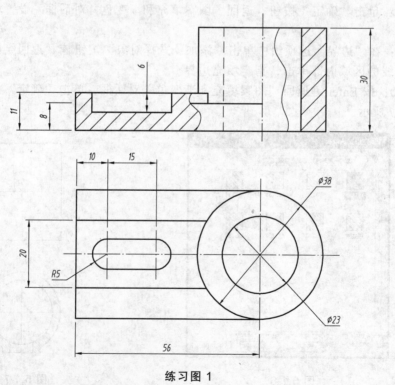

练习图 1

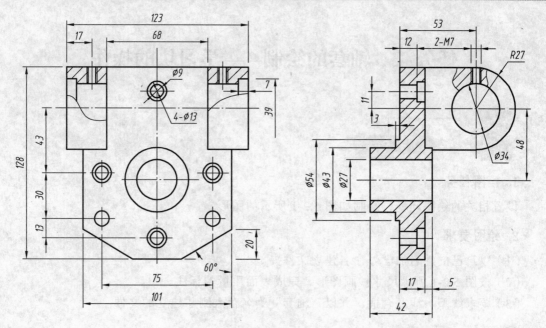

练习图 2

任务二 轴套的绘制——学习块的操作

任务导入

1. 绘图任务

设置相关的绘图环境，绘制如图 5.2-1 所示的图形。

2. 绘图要求

（1）以自己的姓名加学号命名建立文件夹。

（2）按图 5.2-1 所示尺寸抄画图形，完成表面质量的标注。

（3）要求线型、线宽合适，并以"轴套"为名存入刚才建立的文件。

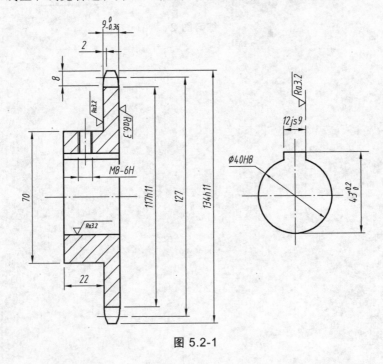

图 5.2-1

任务分析

本任务图形中有很多表面质量的标注，可以使用块操作命令，进行快速标注，完成图形的绘制。

知识链接

块命令及其执行

1. 功　能

"创建块"命令主要用于将单个或多个图形集合成为一个整体图形单元,保存于文件中,以供文件重复使用。

2. "创建块"命令的执行方式

（1）单击"默认"选项卡—"块"面板—"创建"按钮。

（2）选择菜单栏"绘图"—"块"—"创建"命令。

（3）单击"绘图"工具栏"创建块"按钮。

（4）命令行输入 Block 或 Bmake。

（5）使用快捷键 B。

3. "定义属性"命令的执行方式

（1）单击"默认"选项卡—"块"面板—"定义属性"按钮。

（2）选择菜单栏"绘图"—"块"—"定义属性"命令。

（3）命令行输入 Attdef。

（4）使用快捷键 ATT。

4. "插入块"命令的执行方式

（1）单击"默认"选项卡—"块"面板—"插入"按钮。

（2）选择菜单栏"插入"—"块"命令。

（3）单击"绘图"工具栏"插入"按钮。

（4）命令行输入 Insert。

（5）使用快捷键 I。

任务实施

步骤 1：图层设置。设置粗实线、细实线、点画线的名称、线型、线宽、颜色等。

步骤 2：按照给定尺寸绘制图 5.2-2 所示的图形。

步骤 3：按照给定尺寸绘图，如图 5.2-3 所示。

步骤 4：打开"对象捕捉"功能。

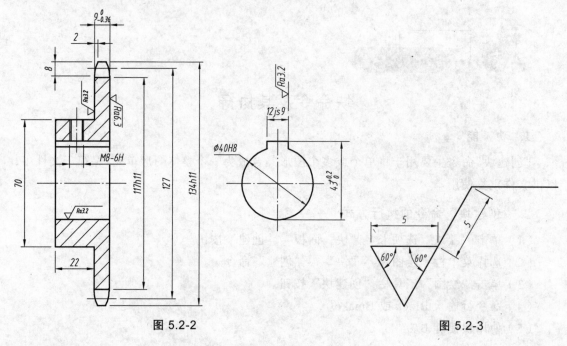

图 5.2-2

图 5.2-3

步骤 5：单击"默认"选项卡—"块"面板—"定义属性"按钮，弹出"属性定义"对话框，然后设置属性的标记名、提示说明、默认值、对正方式以及属性高度等参数，如图 5.2-4 所示。

步骤 6：单击"确定"按钮返回绘图区，在命令行"指定起点"提示下捕捉图 5.2-2 的合适位置作为属性的插入点，插入结果如图 5.2-5 所示。

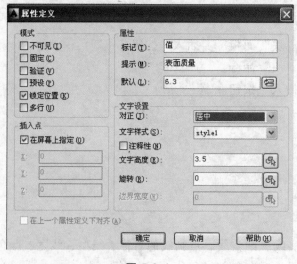

图 5.2-4

图 5.2-5

步骤 7：单击"默认"选项卡—"块"面板—"创建"按钮，弹出"块定义"对话框，如图 5.2-6 所示。

步骤 8：定义块名。在"名称"文本框中输入"表面质量"。

步骤 9：定义基点。在"基点"选项组中单击"拾取点"按钮，返回绘图区域捕捉表面质量符号的最下点为块的基点。

步骤 10：选择块对象。单击"选择对象"按钮，返回绘图区框选如图 5.2-7 所示的全部图形对象以及块的属性。

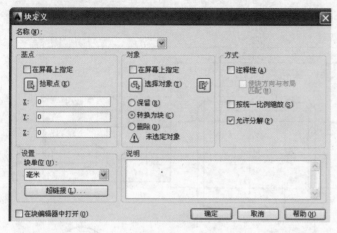

图 5.2-6

图 5.2-7

步骤 11：按 Enter 键返回"块定义"对话框，单击"确定"按钮完成带有属性的块的创建。

步骤 12：单击"默认"选项卡—"块"面板—"插入"按钮。弹出"插入"对话框。打开"名称"下拉列表，选择"表面质量"作为需要插入块的图块。

步骤 13：其他参数采用默认设置，单击"确定"按钮返回绘图区。在命令行"指定插入点"提示下，拾取一点作为块的插入点，在命令行"输入表面质量"提示下，输入图纸要求的值，结果如图 5.2-8 所示。

图 5.2-8

步骤 14：按照图纸要求完成其他表面质量的标注，并保存。

任务评价

	主视图（40%）	局部图（20%）	尺寸标注（25%）	块（15%）	成绩
得分					

任务小结

（1）图块名是一个不超过 255 个字符的字符串，可以包含数字及"—"等符号。

（2）在定位图块基点时，一般是在图形上的特征点中进行捕捉。

（3）当用户为几何图形定义了属性后，所定义的文字属性暂时以属性标记名显示。

操作 与 练习

利用本任务所学的知识与技能，抄画如下图例，熟悉并掌握块命令的运用及表面质量的标注。

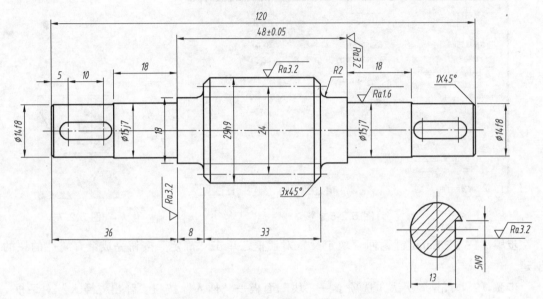

练习图 1

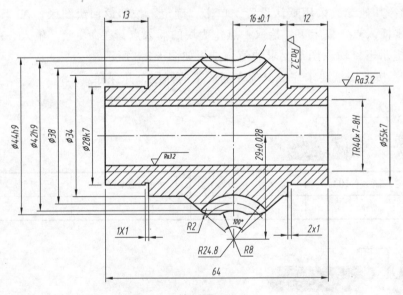

练习图 2

任务三 三连板的绘制——学习补画第三视图

任务导入

1. 绘图任务

设置相关的绘图环境，绘制图 5.3-1 所示图形的三视图。

2. 绘图要求

（1）以自己的姓名加学号命名建立文件夹。

（2）按尺寸抄画图形，并补画第三视图。

（3）要求线型、线宽合适，并保存文件至刚才建立的文件夹。

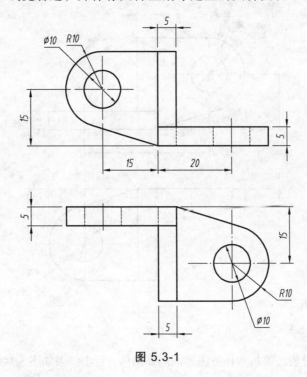

图 5.3-1

任务分析

本任务图形已知的是主视图和俯视图，需要运用机械制图原理对形体进行分析，结合 AutoCAD 命令完成三视图的绘制。

知识链接

读图的基本方法

形体分析法是将视图中的每一个封闭线框看作一个基本形体的投影,找出其他视图中与之对应的线框,将几个线框联系起来想象该形体的形状。再分析各个形体的组合方式、表面连接形式、相对位置,综合想象出组合体的整体形状,完成视图的补画。

任务实施

步骤 1:图层设置。设置粗实线、细实线、点画线的名称、线型、线宽、颜色等。

步骤 2:按照给定尺寸绘制图 5.3-2 所示的图形。

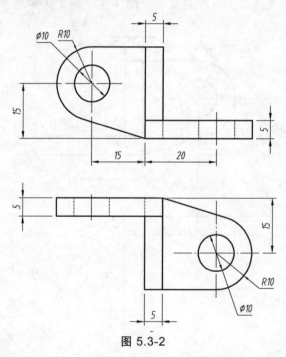

图 5.3-2

步骤 3:用形体分析法解析本任务图形的形体结构,得出结果如图 5.3-3、5.3-4、5.3-5 所示。

图 5.3-3

图 5.3-4

图 5.3-5

步骤 4：根据"三等"关系绘制形体的左视图，结果如图 5.3-6 所示。

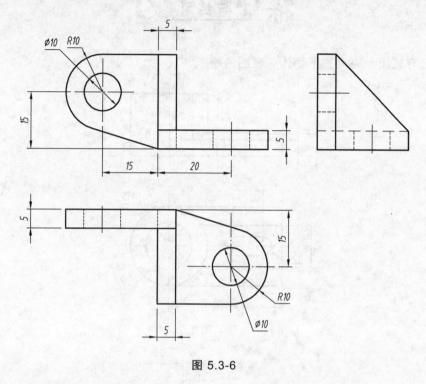

图 5.3-6

步骤 5：按照要求保存文件。

任务评价

	主视图（30%）	俯视图（30%）	左视图（40%）	成绩
得分				

任务小结

（1）三个基本视图之间，保持着"三等"投影规律，即：主、俯视图长对正，主、左视图高平齐，俯、左视图宽相等。

（2）在补画好第三视图后要分析形体的相互位置关系，并根据投影关系判别可见性。

操作与练习

根据已有视图，完成如下物体三视图的绘制。

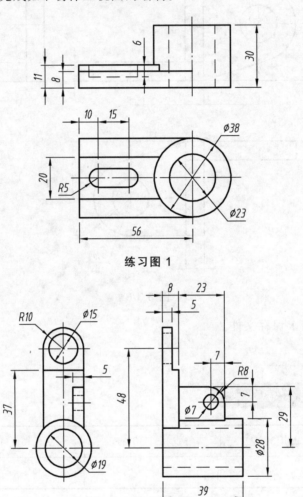

练习图 1

练习图 2

项目六　二维零件图及装配图的绘制

　　零件图是指导零件生产的重要技术文件。一张完整的零件图包括图形、尺寸、技术要求和标题栏四个部分。通过本项目的学习，了解绘制零件图和装配图的过程和掌握正确快速地抄画零件图的方法。

■ 知识目标

了解图幅、标题栏的各种样式。

掌握国家标准图纸模板的调用。

掌握比例的设置。

了解图纸的输出。

■ 技能目标

掌握图框和标题栏的绘制及调用方法。

掌握图纸及尺寸比例的设置方法。

掌握装配图的绘制。

掌握根据装配图拆零件图的绘制。

任务一　A3标准图纸的绘制——学习绘制图框及标题栏

任务导入

1. 绘图任务

设置相关的绘图环境，先绘制出A3标准图纸，再绘制图框及标题栏。

2. 绘图要求

（1）以自己的姓名加学号命名建立文件夹。

（2）将图形界限设置为420×297，绘制如图6.1-1所示的边框及标题栏。其中图中汉字采用3.5号和5号长方宋体，字高分别为3.5 mm、5 mm。尺寸数字字高为3.5 mm，字体为gbeitc.shx，大字体为gbcbig.shx。

（3）分层绘图。图层、颜色、线型要求如表 6.1-1 所示。

表 6.1-1

用 途	层 名	颜 色	线 型	线 宽/mm
粗实线	0	绿	Continuous	0.5
细实线	1	红	Continuous	0.25
虚线	2	洋红	Dashed2	0.25
中心线	3	紫	Center2	0.25
尺寸标注	4	黄	Continuous	0.25
文字及其他	5	蓝	Continuous	0.25

（4）按绘图方式要求及尺寸抄画 A3 标准图纸，并以"A3 标准图纸"为名存入刚才建立的文件夹。

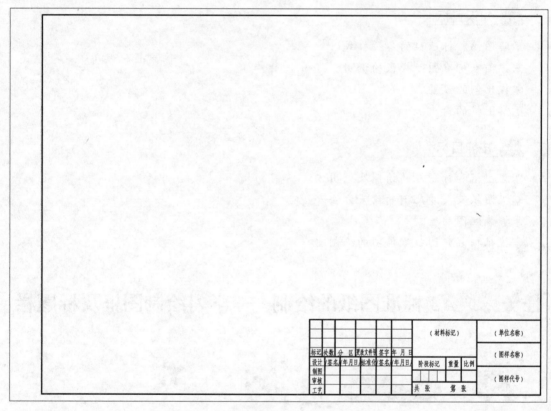

图 6.1-1

任务分析

A3 图纸是机械制图中国家标准模式版本，绘制该图纸要先学习机械制图中相应的图纸、图幅等相关知识。

知识链接

一、图纸幅面

图纸的幅面有基本幅面和加长幅面之分。基本幅面有五种，代号如表 6.1-2 所示。

表 6.1-2

代号	$B \times L$	a	c	e
A0	841×1 189			20
A1	594×841		10	20
A2	420×594	25	10	
A3	297×420		5	10
A4	210×297		5	10

图框的线型为粗实线。图框有两种格式，留装订边［见图 6.1-2（a）、（b）］和不留装订边［见图 6.1-2（c）、（d）］。

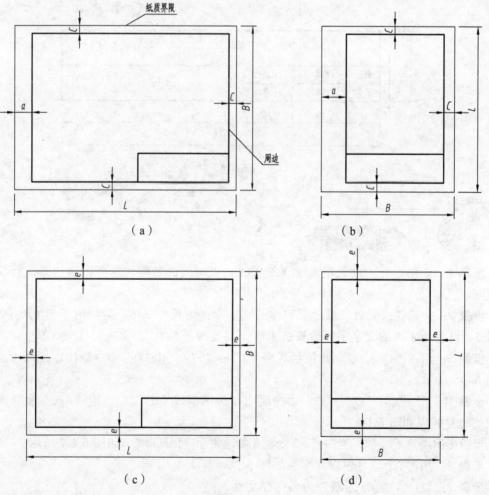

（a）　　　　　　　（b）

（c）　　　　　　　（d）

图 6.1-2

二、标题栏（GB/T 10609.1—2008）

每张图样必须绘制标题栏，标题栏位于图纸的右下角。标题栏的方向为看图方向。标题栏的格式、内容和尺寸在国家标准（GB/T 10609.1—2008）中已作了规定，如图 6.1-3 所示。为了学习方便，在作业中常用如图 6.1-4 所示的简化标题栏格式。

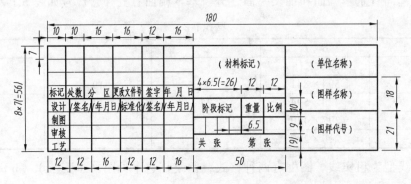

图 6.1-3

图 6.1-4

步骤 1：图层设置。设置粗实线、细实线、点画线的名称、线型、颜色等，且设置图形界限。

步骤 2：文字样式设置。设置大字体的文字字体为长仿宋体，宽度因子为 0.7，文字高度为 5；设置小字体的文字字体为长仿宋体，宽度因子为 0.7，文字高度为 3.5。

步骤 3：用"Rec"命令画出图纸界限（420×297），用"O"命令画出图框线（$c=5$），如图 6.1-5 所示。

步骤 4：用"X"、"O"、"Tr"命令画出左边图框线（$a=25$），用"Rec"命令画出标题栏的边界线，如图 6.1-6 所示。

步骤 5：用"X"、"O"、"Tr"命令画出标题栏里面分隔线，如图 6.1-7 所示。

步骤 6：用"T"填写相应文字，如图 6.1-8 所示。

步骤 7：以"A3 标准图纸"为名保存文件。

图 6.1-5

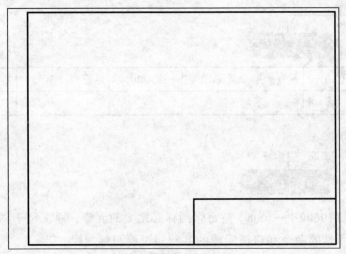

图 6.1-6

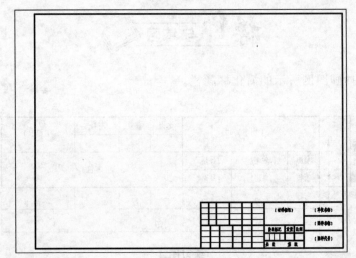

图 6.1-7

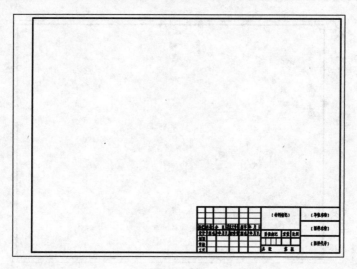

图 6.1-8

任务评价

·	图层设置（10%）	图形界限设置（10%）	边框（20%）	标题栏（30%）	文字（30%）	成绩
得分						

任务小结

　　标题栏（GB/T10609.1—2008）是每张图样必须要的元素，通常位于图纸的右下角。本任务是利用前面所学的命令和机械制图的基础知识绘制标题栏。

操作与练习

　　设置图层，抄画图例所示的简化标题栏。

练习图 1

任务二 轴的绘制——学习调用图框及标题栏

任务导入

1. 绘图任务

设置相关的绘图环境，绘制如图 6.2-1 所示的轴。

2. 绘图要求

（1）以自己的姓名加学号命名建立文件夹。

（2）将图形界限设置为 420×297，绘制如图 6.2-1 所示的边框及标题栏。其中图中汉字采用 3.5 号和 5 号长方宋体，字高分别为 3.5 mm、5 mm。尺寸数字字高为 3.5 mm，字体为 gbeitc.shx,大字体为 gbcbig.shx，箭头长度为 5 mm。

（3）分层绘图。图层、颜色、线型要求如表 6.2-1 所示。

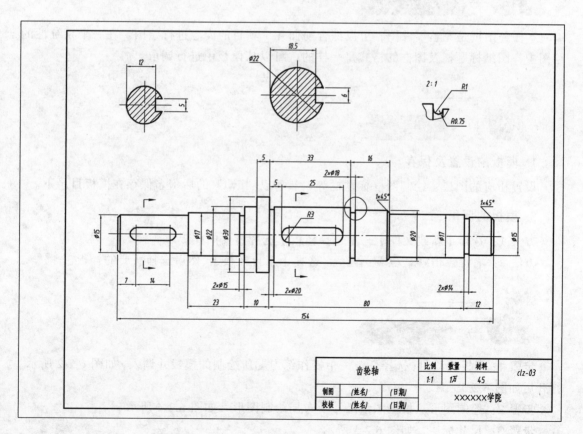

图 6.2-1

表 6.2-1

用 途	层 名	颜 色	线 型	线 宽/mm
粗实线	0	绿	Continuous	0.5
细实线	1	红	Continuous	0.25
虚 线	2	洋红	Dashed2	0.25
中心线	3	紫	Center2	0.25
尺寸标注	4	黄	Continuous	0.25
文字及其他	5	蓝	Continuous	0.25

（4）按绘图方式要求及尺寸抄画齿轮轴，并以"轴"为名存入刚才建立的文件夹。

任务分析

本任务图纸是完整零件图，可以综合前面几个项目的内容进行绘图。在一个系统性的绘图中，图纸标题栏及图框的格式是一样的，可以从模板中进行调取。

知识链接

1. 模板的设置及保存

设置相应的图层，绘制图框标题栏等，然后以"dwt"的后缀名保存在模板目录下。

2. 模板的调用

方法1：选择【新建文件】—【选择样板】选择所要的样板。

方法2：右键点击 模型╱布局1╱布局2，选择【来自样板】，然后选择所要的样板。

任务实施

步骤 1：模板的调用。选择任务一中操作练习题所绘制的模板并调入，如图 6.2-2 所示。打开后如图 6.2-3 所示。

步骤 2：绘制图形。根据图纸尺寸及布局绘制图形，如图 6.2-4 所示。

步骤 3：尺寸标注，如图 6.2-5 所示。

图 6.2-2

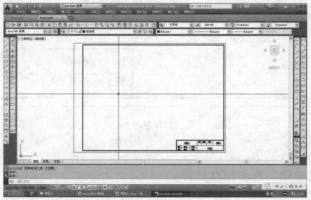

图 6.2-3

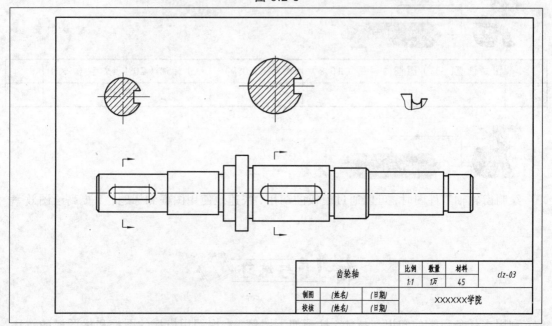

图 6.2-4

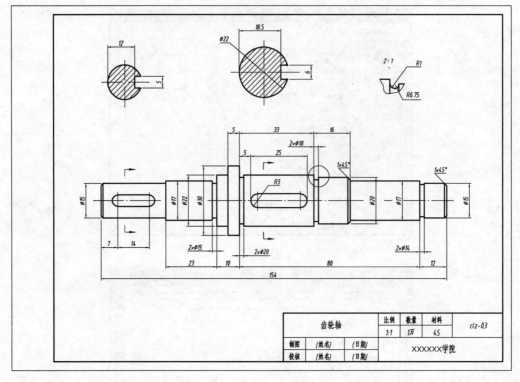

图 6.2-5

步骤 6：按要求注写文字。

步骤 7：以"齿轮轴"为名保存文件。

任务评价

	图层设置(5%)	图框的调用（10%）	图形（60%）	尺寸标注（20%）	文字（5%）	成绩
得分						

任务小结

绘制齿轮轴零件图时，可以通过模板的调用，快速地使用图框和标题栏，提高绘图效率。

操作与练习

利用本任务所学的知识与技能，抄画如下图例，掌握调用模板的图框和标题栏的技法。

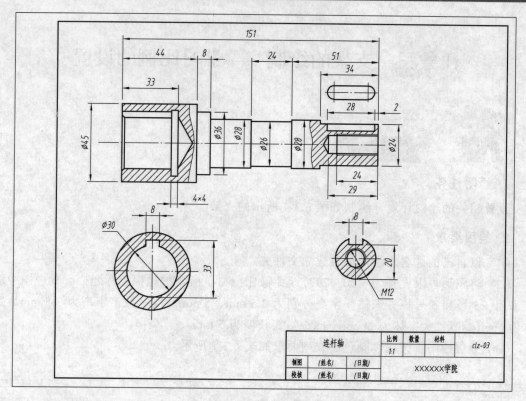

练习图1

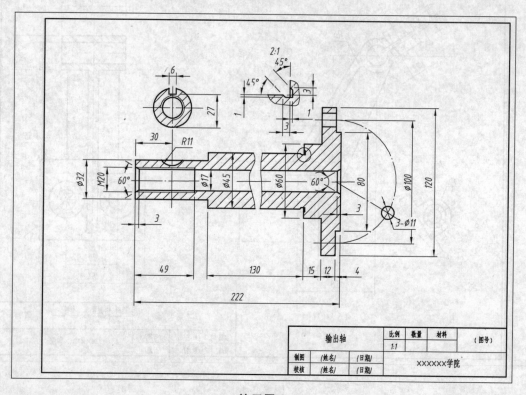

练习图2

任务三　支架的绘制——学习比例的设置

任务导入

1. 绘图任务

设置相关的绘图环境，绘制如图 6.3-1 所示的支架。

2. 绘图要求

（1）以自己的姓名加学号命名建立文件夹。

（2）将图形界限设置为 420×297，绘制如图 6.3-1 所示的边框及标题栏。其中图中汉字采用 3.5 号和 5 号长方宋体，字高分别为 3.5 mm、5 mm。尺寸数字字高为 3.5 mm，字体为 gbeitc.shx，大字体为 gbcbig.shx，箭头长度为 5 mm。

（3）分层绘图。图层、颜色、线型要求如表 6.3-1 所示。

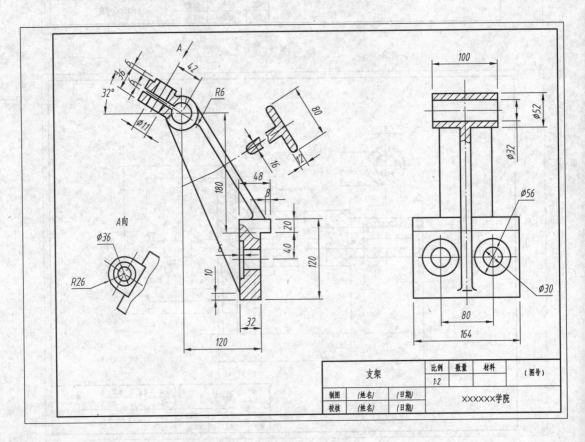

图 6.3-1

表 6.3-1

用　途	层　名	颜　色	线　型	线　宽/mm
粗实线	0	绿	Continuous	0.5
细实线	1	红	Continuous	0.25
虚　线	2	洋红	Dashed2	0.25
中心线	3	紫	Center2	0.25
尺寸标注	4	黄	Continuous	0.25
文字及其他	5	蓝	Continuous	0.25

（4）按绘图方式要求及尺寸抄画支架，并以"支架"为名存入刚才建立的文件夹。

本任务零件图绘制的难点在于比例值的变化，为了绘制符合比例的图纸，首先要掌握图形比例以及尺寸比例的设置。

一、缩放命令——图形的比例设置

1. 功　能

对图形对象按指定的比例因子相对于基点放大或缩小，也可把对象缩放到指定的尺寸。

2. 调　用

方法 1：下拉菜单【修改】—【缩放】。

方法 2：工具栏 。

方法 3：命令行输入 SC。

3. 步　骤

命令：SC

选择对象：（选择要缩放的对象）

选择对象：（选择要缩放的对象或按回车结束选择）

指定基点：（选择缩放的基点）

指定比例因子或 [复制(C)/参照(R)]：（输入比例因子）

二、尺寸标注缩放

方法：【标注样式】—【主单位】，弹出如图 6.3-2 所示的对话框。在比例因子中输入相对应的值。

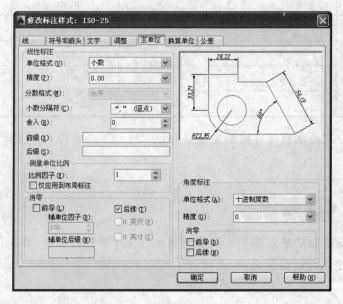

图 6.3-2

步骤 1：图层设置。设置粗实线、细实线、点画线的名称、线型、颜色等，且设置图形界限。

步骤 2：设置文字样式以及标注样式。

步骤 3：绘制图形轮廓。

步骤 4：标题栏及图框的绘制。

步骤 5：图形缩放。

步骤 6：尺寸标注缩放设置。

步骤 7：尺寸标注。

步骤 8：以"支架"为名保存文件。

	图层设置 （5%）	图形绘制 （50%）	图框绘制 （10%）	尺寸标注 （20%）	比例设置 （15%）	成绩
得分						

任务小结

通过对本任务图形的绘制，掌握缩小或放大图形图纸比例的绘图技巧。

利用本任务所学的知识与技能，抄画如下图例，掌握图形比例与尺寸比例的设置方法。

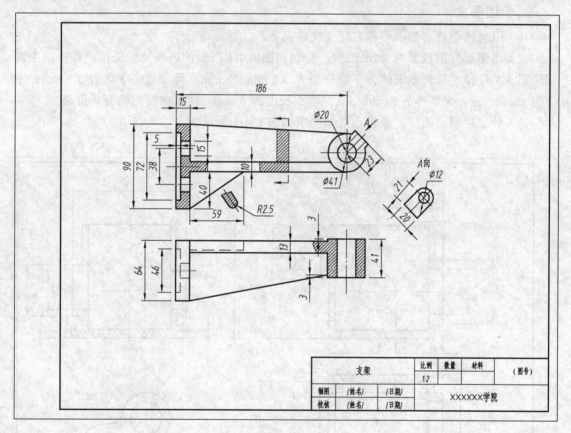

练习图1

任务四　箱座的绘制——学习图形的输出

1. 绘图任务

设置相关的绘图环境，绘制如图 6.4-1 所示的箱座。

2. 绘图要求

（1）以自己的姓名加学号命名建立文件夹。

（2）将图形界限设置为 420×297，绘制如图 6.4-1 所示的边框及标题栏。其中图中汉字采用 3.5 号和 5 号长方宋体，字高分别为 3.5 mm、5 mm。尺寸数字字高为 3.5 mm，字体为 gbeitc.shx，大字体为 gbcbig.shx，箭头长度为 5 mm。存盘前使图框充满屏幕。

（3）分层绘图。图层、颜色、线型要求如表 6.4-1 所示。

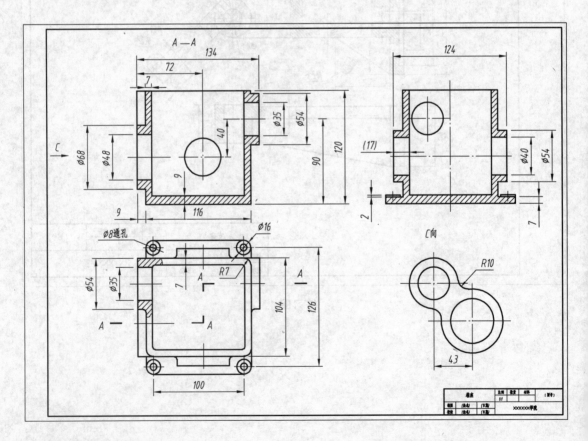

图 6.4-1

表 6.4-1

用 途	层 名	颜 色	线 型	线 宽/mm
粗实线	0	绿	Continuous	0.5
细实线	1	红	Continuous	0.25
虚 线	2	洋红	Dashed2	0.25
中心线	3	紫	Center2	0.25
尺寸标注	4	黄	Continuous	0.25
文字及其他	5	蓝	Continuous	0.25

（4）按绘图方式要求及尺寸抄画箱座，把图形以"wmf格式"图片输出，并以"箱座"为名存入刚才建立的文件夹。

本任务的零件图，可以完整地进行绘制。但是绘制后必须以"wmf格式"图片输出，所以要掌握图形的输出技能。

一、输出图形

将 AutoCAD 图形以图片格式输出。

（1）打开 AutoCAD 图形文件。

（2）选择要输出的图形，选择"文件"—"输出"命令。

（3）在弹出的"数据输出"对话框中，选择图形要保存的路径、文件和输出格式，然后单击"保存"按钮。

（4）此时就以图片格式保存。

二、打印图纸

（1）菜单："文件"—"打印"命令。

（2）"打印区域"选项组：确定要打印图形的内容部分。

（3）单击"确定"。

步骤 1：图层设置。设置粗实线、细实线、点画线的名称、线型、颜色等，且设置图形界限。

步骤 2：设置文字样式以及标注样式。

步骤 3：绘制图形轮廓。

步骤 4：标题栏及图框的绘制。

步骤 5：尺寸标注缩放设置。

步骤 6：尺寸标注。

步骤 7：以"支架"为名保存文件。

步骤 8：图形输出。

任务评价

	图层设置（5%）	图形绘制（50%）	图框绘制（10%）	尺寸标注（20%）	图形输出（15%）	成绩
得分						

任务小结

通过本次任务的学习，掌握图形输出的形式和技能。

操作与练习

利用本任务所学的知识与技能，抄画如下图例，掌握图形输出的形式和操作技法。

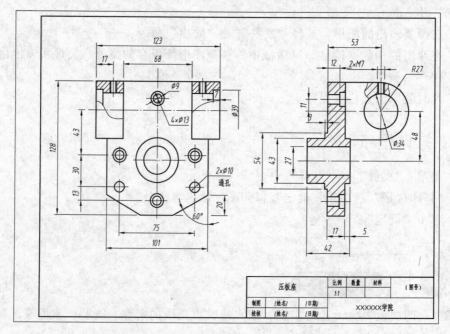

练习图 1

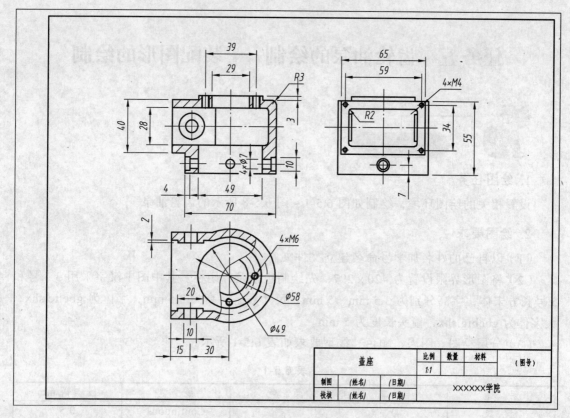

盖座		比例	数量	材料	（图号）
		1:1			
制图	(姓名)	(日期)		XXXXXX学院	
校核	(姓名)	(日期)			

练习图 2

任务五　齿轮油泵的绘制——装配图形的绘制

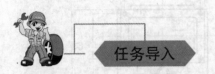

任务导入

1. 绘图任务

设置相关的绘图环境，绘制如图 6.5-1～图 6.5-8 所示的齿轮油泵。

2. 绘图要求

（1）以自己的姓名加学号命名建立文件夹。

（2）将图形界限设置为 420×297，先绘制边框及标题栏。其中图中汉字采用 3.5 号和 5 号长方宋体，字高分别为 3.5 mm、5 mm。尺寸数字字高为 3.5 mm，字体为 gbeitc.shx，大字体为 gbcbig.shx，箭头长度为 5 mm。

（3）分层绘图。图层、颜色、线型要求如表 6.5-1 所示。

表 6.5-1

用　途	层　名	颜　色	线　型	线　宽/mm
粗实线	0	绿	Continuous	0.5
细实线	1	红	Continuous	0.25
虚　线	2	洋红	Dashed2	0.25
中心线	3	紫	Center2	0.25
尺寸标注	4	黄	Continuous	0.25
文字及其他	5	蓝	Continuous	0.25

（4）按绘图方式要求及尺寸抄下列图标，并以"齿轮油泵"为名存入刚才建立的文件夹。

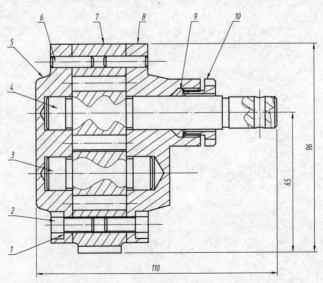

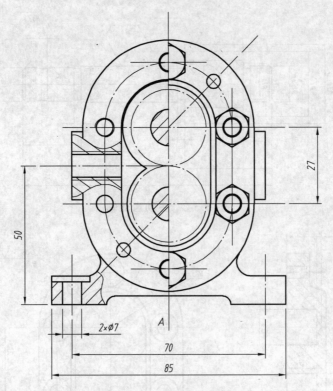

图 6.5-1　齿轮泵装配图

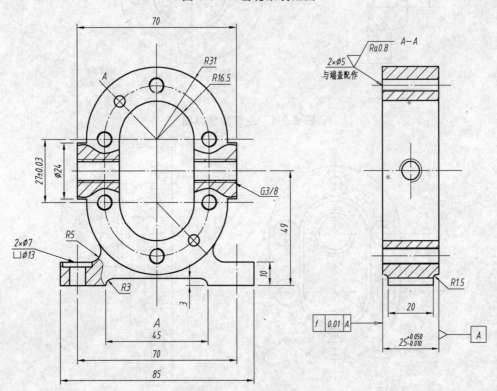

图 6.5-2　泵体零件图

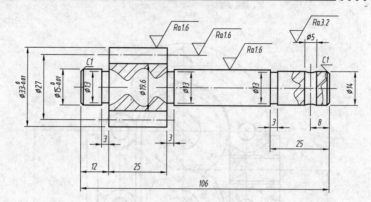

图 6.5-3 主动齿轮轴

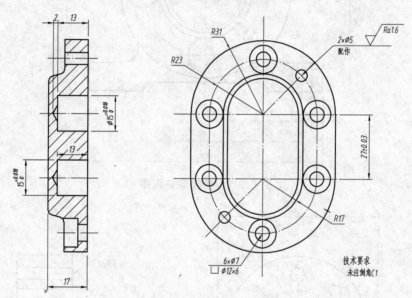

图 6.5-4 左泵盖零件图

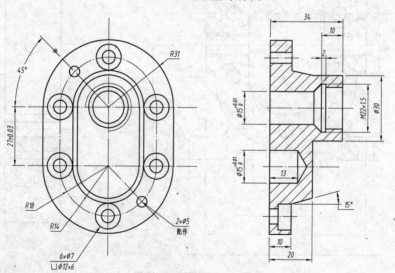

图 6.5-5 右泵盖零件图

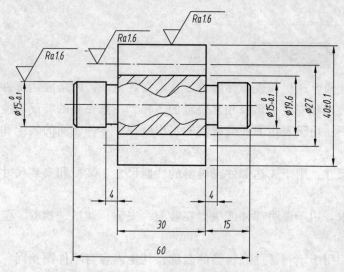

图 6.5-6　从动齿轮轴零件图

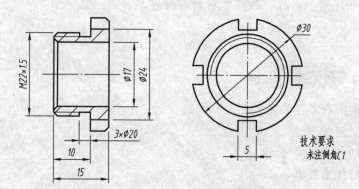

图 6.5-7　压紧螺母零件图

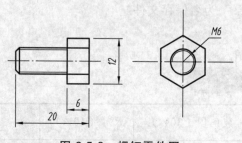

图 6.5-8　螺钉零件图

任务分析

　　本任务图纸是由一张装配图和多张零件图组成，为了绘制装配图，先要绘制零件图，然后再进行装配。

知识链接

装配图是设计和生产机器或部件的重要技术文件之一，用来表达部件或机器的工作原理，零件之间的装配和安装关系及相互位置的图样，一张完整的装配图应包括以下内容：

（1）一组视图：用于表达部件或机器的工作原理、零件之间的装配和安装关系及主要零件的结构形状。

（2）必要的尺寸：用于表达部件或机器的性能尺寸、装配和安装尺寸、外形尺寸及其他重要尺寸。

（3）技术要求：用于说明部件或机器在装配、安装、调试、检验、使用、维修等方面的要求。

（4）标题栏：用于填写部件或机器的名称，其他内容与零件图相同。

（5）零件序号、明细栏：在装配图中，需要每种零件编写序号，并在明细栏中依次对应列出每种零件的序号、名称、数量、材料等内容。

任务实施

步骤 1：绘制所有零件的零件图。
步骤 2：绘制装配图。
步骤 3：绘制必要的尺寸。
步骤 4：书写技术要求。
步骤 5：绘制标题栏。
步骤 6：书写零件序号、明细栏。
步骤 7：以"齿轮油泵"为名保存文件。

任务评价

	零件图绘制（50%）	装配图（30%）	尺寸（10%）	零件序号及明细栏（10%）	成绩
得分					

任务小结

通过本次任务的学习，掌握装配图的绘制方法。

操作与练习

利用本任务所学的知识与技能，抄画滑轮装置零件图与装配图。

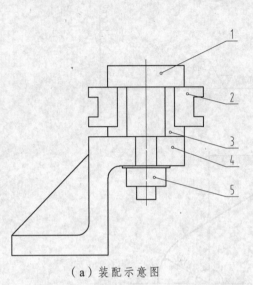

（a）装配示意图

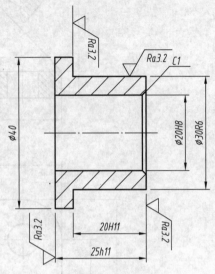

（b）铜套零件图

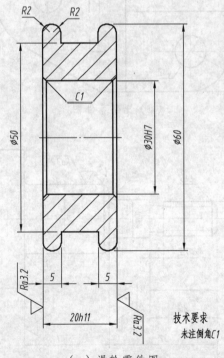

（c）滑轮零件图

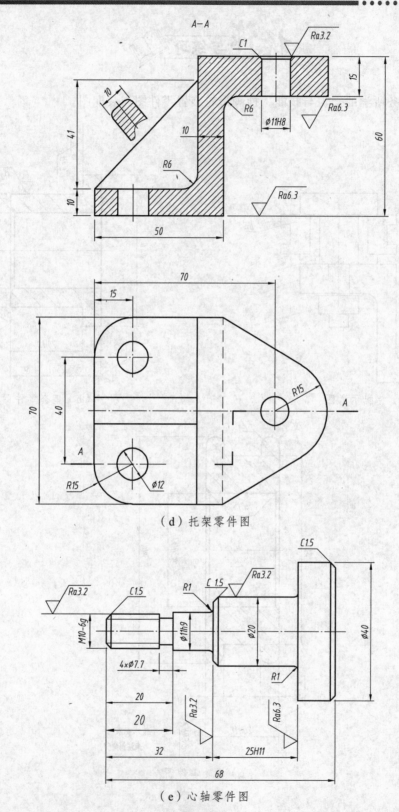

（d）托架零件图

（e）心轴零件图

练习图 1

项目六综合练习题

　　以自己的姓名加学号命名建立文件，利用前面项目所学的绘图命令，抄画如下图例，达到巩固知识、提高绘图技能的目的。

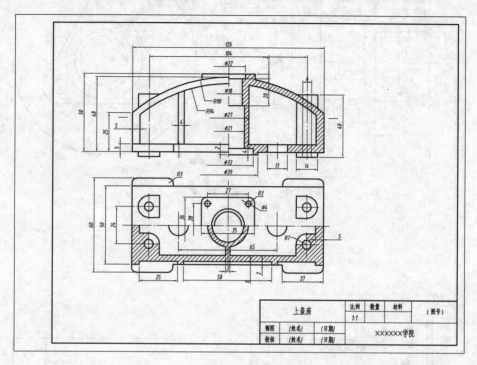

综合练习图 1

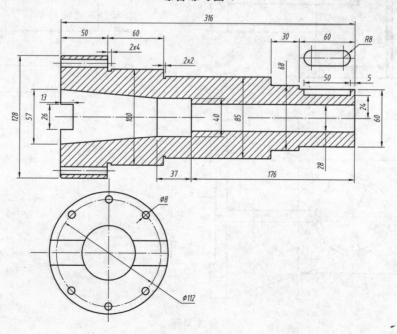

综合练习图 2

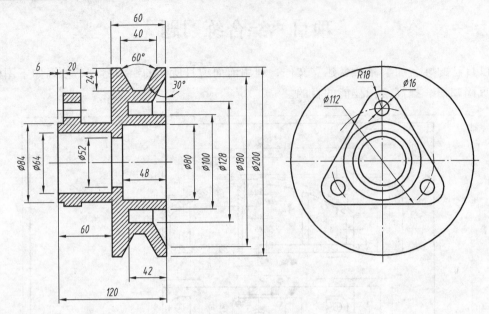

综合练习图 3

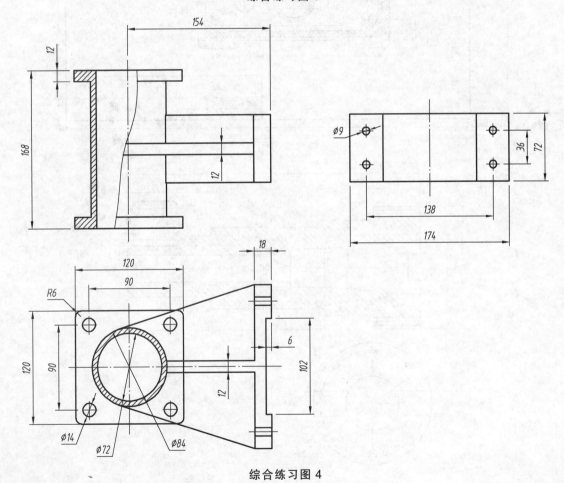

综合练习图 4

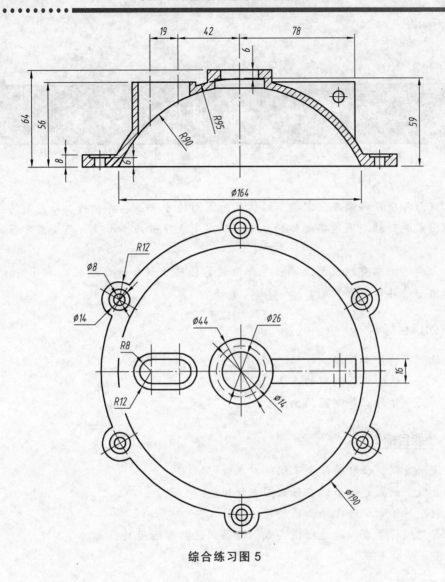

综合练习图 5

项目七   轴测图的绘制

通过前面各项目的学习，掌握了编辑二维图形的方法，怎样能将二维图形的立体直观形态表现出来呢？轴测图能将物体的立体形状完全表现出来，本项目将重点学习轴测图的绘制。

项目七通过绘制直线、圆及圆弧等轴测投影图的绘制和标注过程。学习 AutoCAD 在绘制轴测图中的具体应用技能。

知识目标

了解轴测图的基本知识。

掌握平面立体的正等测图的画法。

掌握曲面立体的正等测图的画法。

技能目标

学会使用复制、移动等命令来编辑对象。

学会直线、椭圆等命令的在轴测图中使用。

学会利用对齐命令进行轴测图的尺寸标注。

对于常用编辑命令，通过绘图实践，能够到达熟练运用的程度。

任务一 燕尾槽的绘制——学习正等轴测模式的设置

任务导入

1. 绘图任务

设置相关的绘图环境，绘制如图 7.1-1 所示的燕尾槽图形。

2. 绘图要求

（1）以自己的姓名加学号命名建立文件夹。

（2）绘制如图 7.1-1 所示的燕尾槽图形。

（3）要求线型、线宽合适，并以"燕尾槽"为名存入刚才建立的文件夹。

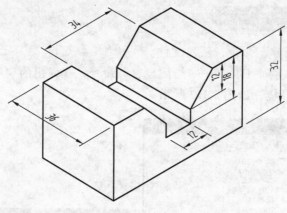

图 7.1-1

燕尾槽图形是中心对称的图形。可以使用复制命令，只要绘制出相同的一部分就可以把整个图形绘制出来。

复制命令及运用

1. 功　能

在轴测图中用复制命令绘制图形，能快速地绘制出相同的形状，在绘制时图形的平面切换用 F5 功能键完成。

2. 调　用

方法一：下拉菜单【修改】—【复制】。

方法二：工具栏 ⌒。

方法三：命令行输入 CO。

3. 步　骤

命令：_copy

选择对象：指定对角点：

指定基点或 [位移（D）/模式（O）] <位移>：

指定第二个点或 [阵列（A）] <使用第一个点作为位移>：Enter

任务实施

步骤 1：执行"新建"命令，新建文件。

步骤 2：选择菜单栏"工具"—"绘图设置"命令，在弹出的"草图设置"对话框中，设置等轴测捕捉绘制环境，如图 7.1-2 所示。

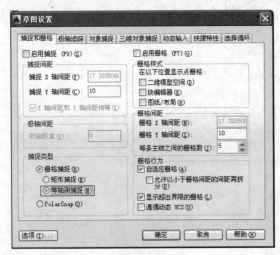

图 7.1-2

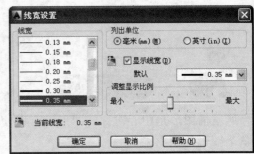

图 7.1-3

步骤 3：选择菜单栏"格式"—"线宽"命令，在弹出的"线框设置"对话框中，设置线宽的显示比例，并开启线宽的显示功能，如图 7.1-3 所示。

步骤 4：在命令行设置系统变量 LTSCALE 的值为 2，然后按 F8 功能键打开状态栏上的"正交"功能。

步骤 5：选择菜单栏"绘图"—"直线"命令，配合"正交模式"功能在 150° 方向上绘制矩形的轴测投影，如图 7.1-4 所示。

命令：_line
指定下一点或 [放弃（U）]：<正交 关> <正交 开> 36
指定下一点或 [放弃（U）]：32
指定下一点或 [闭合（C）/放弃（U）]：36
指定下一点或 [闭合（C）/放弃（U）]：

图 7.1-4   图 7.1-5

步骤6：选择菜单栏"复制"命令，选中矩形，按 F5 功能键，将等轴测平面切换为"等轴测平面 俯视"，复制矩形 ，如图 7.1-5 所示。

命令：_copy

选择对象：指定对角点：

指定基点或 [位移（D）/模式（O）] <位移>：   //端点

指定第二个点或 [阵列（A）] <使用第一个点作为位移>：<等轴测平面 俯视> 64

步骤7：重复执行"直线"命令，在 30° 方向上绘制三条连接直线，删除多余的连线，完成整个六棱柱轴测图的绘制，如图 7.1-6 所示。

步骤8：重复执行"直线"命令，打开对象捕捉中点捕捉功能，在 150° 方向上绘制燕尾槽。

命令：_line

指定第一个点：_from 基点：_mid 于 <偏移>：18

指定下一点或 [放弃(U)]：6

指定下一点或 [放弃(U)]：<等轴测平面 右视> 6

指定第一个点：_from 基点：<偏移>：15

绘制结果如图 7.1-7 所示。

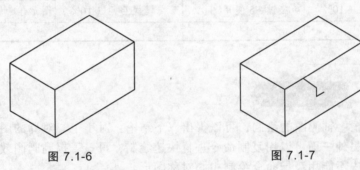

图 7.1-6   图 7.1-7

完成一半的燕尾槽，按同样的方法完成另一半的燕尾槽，如图 7.1-8 所示。

步骤9：复制后面的燕尾槽。

命令：_copy

选择对象：指定对角点：找到 1 个，总计 6 个 当前设置：复制模式 = 多个

指定基点或 [位移（D）/模式（O）] <位移>:选择端点

指定第二个点或 [阵列（A）] <使用第一个点作为位移>：36

完成后面燕尾槽的创建，如图 7.1-9 所示。

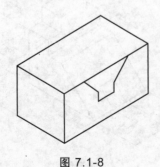   

图 7.1-8   图 7.1-9

步骤 10：执行"直线"命令，配合端点捕捉功能，连接可见的图线，如图 7.1-10 所示。

步骤 11：使用"修剪"命令，对燕尾槽进行修剪，并删除多余图线，完成整个燕尾槽的创建，如图 7.1-11 所示。

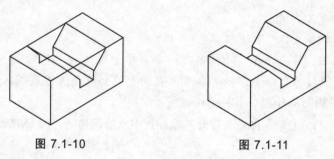

图 7.1-10　　　　　　　　　　　　图 7.1-11

步骤 12：最后执行"另存为"命令，将图形存储为"燕尾槽.dwg"

任务评价

	图层设置（10%）	功能键 F5 使用(10%)	正交模式启用（10%）	图形绘制（70%）	成绩
得分					

任务小结

通过"燕尾槽"轴测图的绘制，可以得出以下结论：对于中心对称的图形只要画出相同一面的形状，另外一面可以用复制命令进行快速绘制，可显著提高画图效率和正确率。但要注意轴测图中不能用镜像命令绘制中心对称图形。

操作与**练习**

打开正交模式，然后使用 Line、Copy 命令绘制如下图形，掌握正等轴测图的绘制技法。

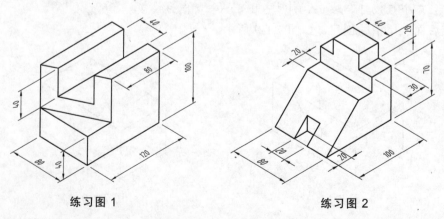

练习图 1　　　　　　　　　　　　　练习图 2

任务二 笔筒的绘制（一）
——学习正等轴测模式下圆的绘制

任务导入

1. 绘图任务

设置相关的绘图环境，绘制如图 7.2-1 所示的笔筒图形。

2. 绘图要求

（1）以自己的姓名加学号命名建立文件夹。

（2）绘制如图 7.2-1 所示的笔筒图形。

（3）要求线型、线宽合适，并以"笔筒"为名存入刚才建立的文件夹。

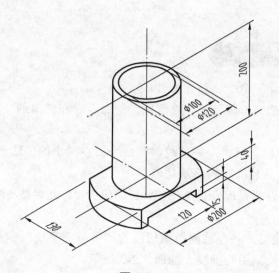

图 7.2-1

任务分析

本任务图形是圆柱图形，在绘制时用椭圆等轴测圆的方法创建，一面完成之后，可以使用复制命令来绘制另一面，就可以把整个图形绘制出来。

椭圆命令及适用

1. 功 能

用椭圆命令中的等轴测圆绘制圆柱图形，在绘制时圆的平面切换用 F5 功能键完成。

2. 调 用

方法1：下拉菜单【绘图】—【椭圆】。

方法2：工具栏 ⬭。

方法3：命令行输入 EL。

3. 步 骤

命令：_ellipse

指定椭圆轴的端点或 [圆弧(A)/中心点(C)/等轴测圆(I)]：I

指定等轴测圆的圆心：

指定等轴测圆的半径或 [直径(D)]：

步骤1：执行"新建"命令，新建文件。

步骤2：选择菜单栏"工具"—"绘图设置"命令，在弹出的"草图设置"对话框中，设置等轴测捕捉绘制环境。

步骤3：选择菜单栏"格式"—"线宽"命令，在弹出的"线框设置"对话框中，设置线宽的显示比例，并开启线宽的显示功能。

步骤4：在命令行设置系统变量 LTSCALE 的值为 2，然后按 F8 功能键打开状态栏上的"正交"功能。

步骤5：按 F5 功能键，将等轴测平面切换为"等轴测平面 俯视"。

步骤6：用点画线绘制中心轴线，如图 7.2-2 所示。

步骤7：单击"绘图"工具栏—"椭圆"按钮，在粗实线图层内绘制同心等轴测圆。

命令：_ellipse

指定椭圆轴的端点或 [圆弧(A)/中心点(C)/等轴测圆(I)]：I

指定等轴测圆的圆心：

指定等轴测圆的半径或 [直径(D)]：<等轴测平面 左视><等轴测平面 俯视> 100

绘制结果如图 7.2-3 所示。

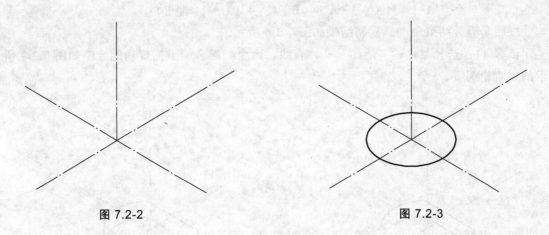

图 7.2-2　　　　　　　　　　　　　　　图 7.2-3

步骤 8：选择菜单栏"修改"—"复制"命令，复制两条直线。命令行操作如下：

命令：_copy

选择中心线

指定基点或 [位移（D）/模式（O）]＜位移＞:（选择圆心点）

指定第二个点或 [阵列（A）]＜使用第一个点作为位移＞:65 两边

将中心线图层转换为粗实线图层，复制结果如图 7.2-4 所示。

步骤 9：选择菜单栏"修改"—"修剪"命令，选择两条直线为边界，对轴测圆进行修剪，修剪结果如图 7.2-5 所示。

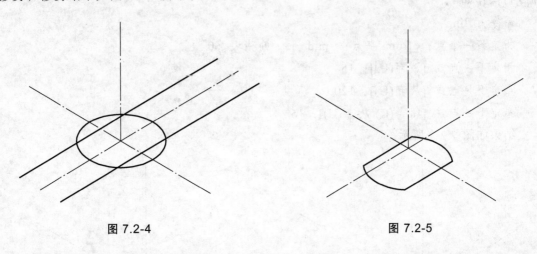

图 7.2-4　　　　　　　　　　　　　　　图 7.2-5

步骤 10：选择菜单栏"修改"—"复制"命令，对底面轮廓线进行复制。命令行操作如下：

命令：_copy

选择对象：（选择如图 7.2-5 所示的轮廓线）

当前设置：复制模式 = 多个

指定基点或 [位移（D）/模式（O）]＜位移＞:（圆心点）

指定第二个点或 [阵列（A）]＜使用第一个点作为位移＞:＜等轴测平面 右视＞40

指定第二个点或 [阵列（A）/退出（E）/放弃（U）] <退出>：

按回车键，结束命令，复制结果如图 7.2-6 所示。

步骤 11： 选择菜单栏"绘图"—"直线"命令，配合端点捕捉功能绘制如图 7.2-7 所示的垂直轮廓线。

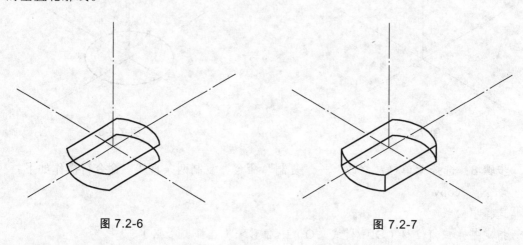

图 7.2-6   图 7.2-7

步骤 12： 选择菜单栏"修改"—"删除"命令，将不可见的多余的轮廓线删除，删除结果如图 7.2-8 所示。

步骤 13： 选择菜单栏"绘图"—"直线"命令，配合端点捕捉功能绘制通槽轮廓线。命令行操作如下：

命令：_line

指定第一个点：_from 基点：_mid 于 <偏移>：60

指定下一点或 [放弃(U)]：15

指定下一点或 [放弃(U)]：120

指定下一点或 [闭合(C)/放弃(U)]：15

结果如图 7.2-9 所示。

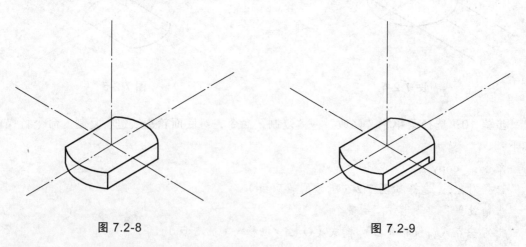

图 7.2-8   图 7.2-9

步骤 14：选择菜单栏"修改"—"修剪"命令，选择两条直线为边界，对通槽进行修剪，修剪结果如图 7.2-10 所示。

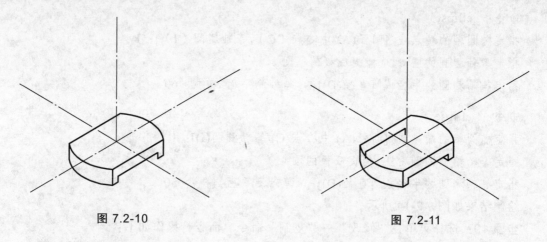

图 7.2-10   图 7.2-11

步骤 15：选择菜单栏"修改"—"复制"命令，对底面通槽进行复制。命令行操作如下：

命令：_copy

选择对象：（选择图 7.2-10 所示的轮廓线）

当前设置：复制模式 ＝ 多个

指定基点或 [位移（D）/模式（O）] <位移>:（端点）

指定第二个点或 [阵列(A)] <使用第一个点作为位移>: 130

指定第二个点或 [阵列(A)/退出(E)/放弃(U)] <退出>:

按回车键，结束命令，复制结果如图 7.2-11 所示。

步骤 16：选择菜单栏"绘图"—"直线"命令，在正交状态下，配合端点捕捉功能绘制通槽下面的连接线，如图 7.2-12 所示。

步骤 17：选择菜单栏"修改"—"修剪"命令，对通槽进行修剪，修剪结果如图 7.2-13 所示。

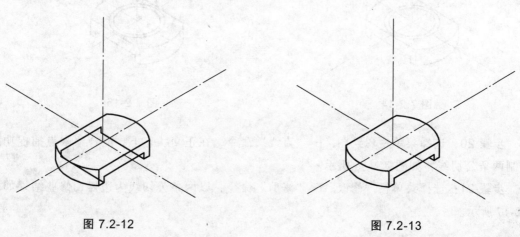

图 7.2-12   图 7.2-13

步骤 18：单击"绘图"工具栏—"椭圆"按钮，在粗实线图层内绘制同心等轴测圆。

命令：_ellipse

指定椭圆轴的端点或 [圆弧(A)/中心点（C）/等轴测圆（I）]：I

指定等轴测圆的圆心:（捕捉底板的圆心）

指定等轴测圆的半径或 [直径(D)]：<等轴测平面 俯视> 60

命令：_ellipse

指定椭圆轴的端点或 [圆弧(A)/中心点(C)/等轴测圆(I)]：I

指定等轴测圆的圆心:（捕捉底板的圆心）

指定等轴测圆的半径或 [直径(D)]：<等轴测平面 俯视> 50

绘制结果如图 7.2-14 所示。

步骤 19：选择菜单栏"修改"—"复制"命令。命令行操作如下：

命令：_copy

选择对象:（选择刚绘制的同心轴测圆）

当前设置：复制模式 = 多个

指定基点或 [位移(D)/模式(O)] <位移>:（选择轴测圆的圆心）

指定第二个点或 [阵列(A)] <使用第一个点作为位移>：<等轴测平面 右视> 200

指定第二个点或 [阵列(A)/退出(E)/放弃(U)] <退出>：

按回车键，结束命令，复制结果如图 7.2-15 所示。

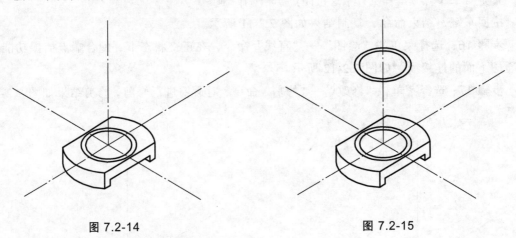

图 7.2-14   图 7.2-15

步骤 20：选择菜单栏"绘图"—"直线"命令，在正交状态下，配合象限点捕捉功能绘制两条公切线，如图 7.2-16 所示。

步骤 21：选择菜单栏"修改"—"修剪"命令，以两条公切线为边界，修剪结果如图 7.2-17 所示。

步骤 22：删除下侧的轴测圆，完成笔筒的创建，如图 7.2-18 所示。

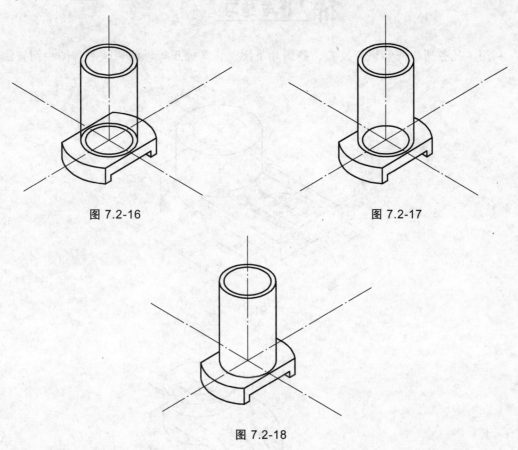

图 7.2-16　　　　　　　　　　　　　　　图 7.2-17

图 7.2-18

步骤 23：最后执行"另存为"命令，将图形以"笔筒.dwg"为文件名进行保存。

任务评价

	图层设置（10%）	功能键 F5 使用（10%）	正交模式启用（10%）	图形绘制（70%）	成绩
得分					

任务小结

　　通过"笔筒"轴测图的绘制，可以得出以下结论：对于圆类图形画圆时可采用椭圆中等轴测圆进行绘制，视图切换也可用功能键 F5 执行。

操作与练习

利用本任务所学的知识与技能，抄画如下图例，掌握正等轴测模式下圆的绘制技法。

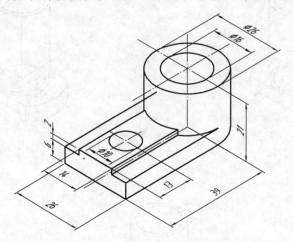

练习图 1

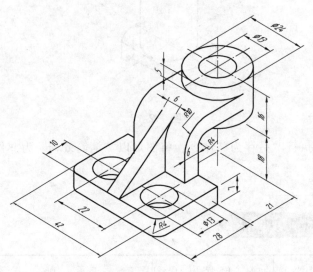

练习图 2

任务三 笔筒的绘制（二）
——轴测模式下文本及尺寸的标注

1. 绘图任务
设置相关的绘图环境，标注如图 7.3-1 所示笔筒的尺寸。

2. 绘图要求
（1）以自己的姓名加学号命名建立文件夹。

（2）标注轴测图的尺寸，如图 7.3-1 所示。

（3）要求线型、线宽合适，并以"笔筒尺寸标注"为名存入刚才建立的文件夹。

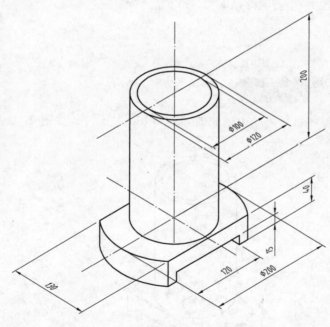

图 7.3-1

　　轴测图的尺寸标注，可以使用"对齐"标注命令去标注，标注后要编辑标注，将标注的尺寸进行倾斜。并将尺寸文字进行样式的修改，按要求将整个图形的标注完成。

知识链接

对齐标注命令及运用

1. 功　能

对齐标注适用于轴测投影图的标注，对齐标注完成之后再对尺寸进行倾斜，将尺寸文字进行修改，创建完成整个图形。

2. 调　用

方法1：下拉菜单【标注】—【对齐】。

方法2：工具栏 。

方法3：命令行输入 DIMA。

3. 步　骤

命令：dimaligned

指定第一个尺寸界线原点或<选择对象>：

指定尺寸线位置或[多行文字(M)/文字(T)/角度(A)]：

标注尺寸。

任务实施

步骤1：打开本项目任务二中创建的"笔筒.dwg"文件，如图7.3-2所示。

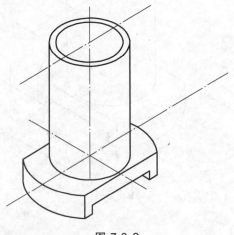

图 7.3-2

步骤2：单击"图层控制"下拉列表，将"尺寸标注"设置为当前图层。

步骤3：单击"注释"选项卡—"标注"面板—"对齐"按钮 ，执行"对齐"标注命令，标注轴测图尺寸。命令行操作如下：

命令：_dimaligned
指定第一个尺寸界线原点或<选择对象>：
指定尺寸线位置或[多行文字(M)/文字(T)/角度(A)]：M
标注文字=200 前加直径%%C，结果如图 7.3-3 所示。

命令：_dimaligned
指定尺寸线位置或指定第一个尺寸界线原点或<选择对象>：
指定尺寸线位置或[多行文字(M)/文字(T)/角度(A)]：
标注文字=120，结果如图 7.3-4 所示。

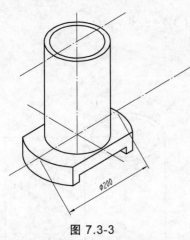

图 7.3-3

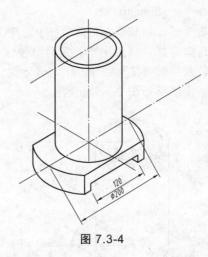

图 7.3-4

命令：_dimaligned
指定尺寸线位置或指定第一个尺寸界线原点或<选择对象>：
指定尺寸线位置或[多行文字(M)/文字(T)/角度(A)]：
标注文字=120,100 前加直径%%C，结果如图 7.3-5 所示。

步骤 4：重复使用 Line、Copy 命令绘制图形。配合"对象捕捉"功能分别标注其他位置的尺寸，结果如图 7.3-6 所示。

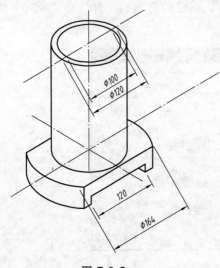

图 7.3-5

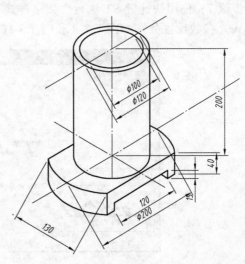

图 7.3-6

步骤 5：单击"标注"工具栏 → "编辑标注"按钮，将标注的尺寸进行倾斜。命令行操作如下：

命令：_dimedit

输入标注编辑类型 [默认（H）/新建（N）/旋转（R）/倾斜（O）] <默认>：O

选择对象：找到 1 个，总计 4 个（$\phi100$、$\phi200$、120、$\phi120$）

输入倾斜角度（按 Enter 键表示无）：−30。

标注结果如图 7.3-7 所示。

步骤 6：重复执行"编辑标注"，将标注的尺寸进行倾斜 30° 标注。命令行操作如下：

命令：_dimedit

输入标注编辑类型 [默认(H)/新建(N)/旋转(R)/倾斜(O)] <默认>：O

选择对象：找到 1 个，总计 3 个（15、40、200、130）

输入倾斜角度（按 Enter 键表示无）：30

标注结果如图 7.3-8 所示。

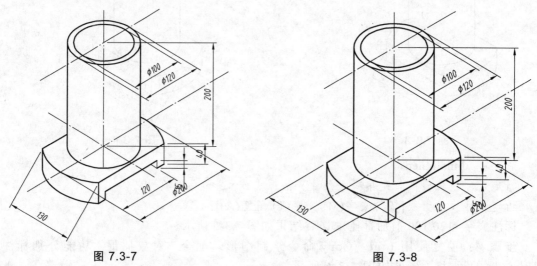

图 7.3-7   图 7.3-8

步骤 7：使用快捷键 ST 执行"文字样式"命令，创建两种名为"30"和"−30"的文字样式，参数设置分别如图 7.3-9 和图 7.3-10 所示。

图 7.3-9

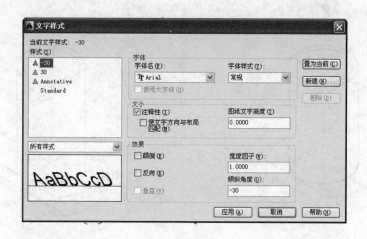

图 7.3-10

步骤 8：在无命令执行的前提下，夹点显示如图 7.3-11 所示的四个尺寸，然后单击"样式"工具条中" – 30 文字样式"下拉列表，修改尺寸文字的样式。

步骤 9：取消尺寸对象的夹点显示，结果如图 7.3-12 所示。

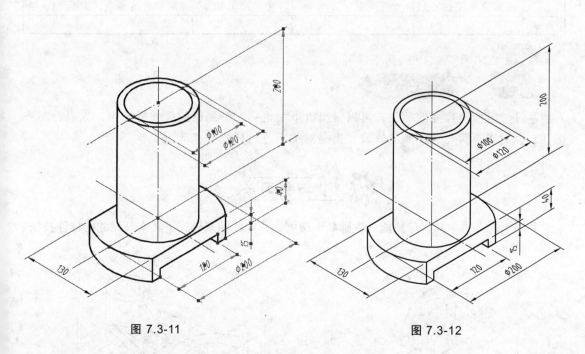

图 7.3-11   图 7.3-12

步骤 10：在无命令执行的前提下，夹点显示如图 7.3-13 所示的四个尺寸，然后单击"样式"工具条中"30 文字样式"下拉列表，修改尺寸文字的样式。

步骤 11：取消尺寸对象的夹点显示，结果如图 7.3-14 所示。

步骤 12：最后执行"另存为"命令，将图形以"笔筒尺寸标注.dwg"为文件名进行保存。

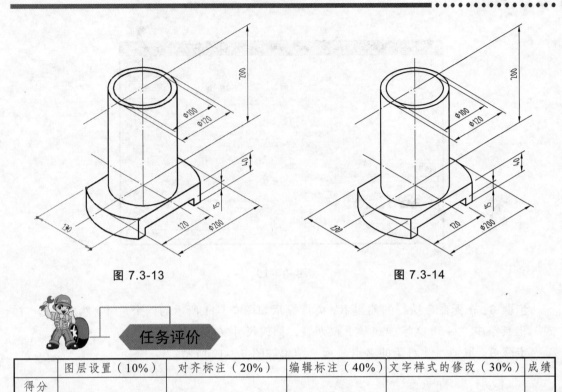

图 7.3-13　　　　　　　　　　　　　　图 7.3-14

任务评价

	图层设置（10%）	对齐标注（20%）	编辑标注（40%）	文字样式的修改（30%）	成绩
得分					

任务小结

通过"笔筒"尺寸的标注，可以得出以下结论：在轴测图的尺寸标注中，先进行对齐标注，然后进行尺寸线的倾斜修改，再是对文字进行样式的修改。

操作与练习

利用本任务所学知识与技能，抄画如下图例，掌握在轴测模式下文本及尺寸的标注技法。

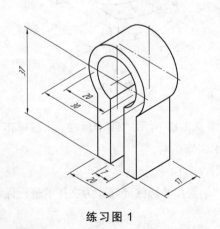

练习图 1

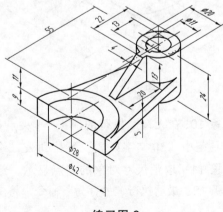

练习图 2

项目七综合习题

以自己的姓名加学号命名建立文件夹，利用项目七所学的绘图技法，抄画如下图例，达到巩固知识、提高绘图技能的目的。

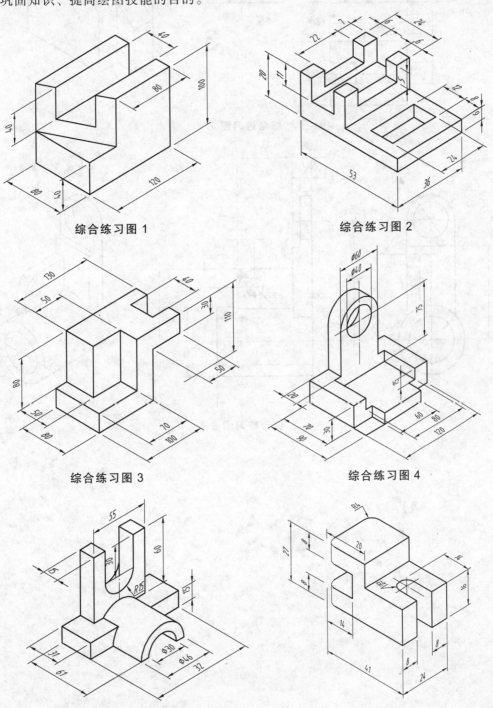

综合练习图 1

综合练习图 2

综合练习图 3

综合练习图 4

综合练习图 5

综合练习图 6

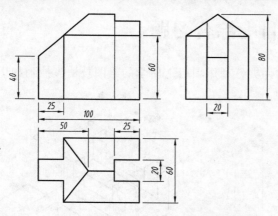

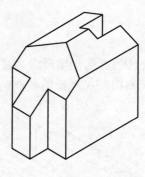

综合练习图 7

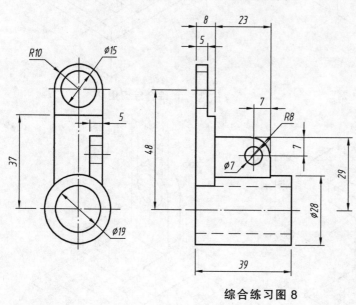

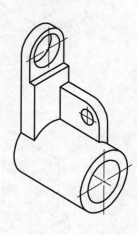

综合练习图 8

项目八　三维造型

前面几个项目，我们学习了二维绘图、图形编辑、三视图绘制、文字与尺寸标注、轴测图绘制等内容，通过操作与练习，基本掌握了一幅完整的零件图的绘制方法。结合三视图及相关尺寸，我们能够想象出三维实体的形状。但视图比较复杂时，显得比较抽象，识图并不容易，制图人员在这点上深有体会。能不能直接创建三维实体呢？答案是肯定的，AutoCAD 2014 软件为大家提供了较强的三维建模模块。

三维建模模块提供了基本几何体建模、实体建模、曲面建模、实体编辑、渲染等功能，用于创建三维实体模型。通过本项目的学习，大家需重点掌握拉伸、旋转、放样、扫掠等建模命令及布尔运算、三维阵列、镜像等实体编辑命令，学会合理设置视觉样式。

■ 知识目标

了解三维建模环境、合理设置视图和视觉样式。

理解面域、布尔运算（并集、差集、交集）、UCS 命令的概念和功能。

理解拉伸、放样等三维建模命令的概念和功能。

理解旋转、扫掠等三维建模命令的概念和功能。

■ 技能目标

学会设置合适的三维建模环境、视图和视觉样式。

学会运用 UCS 命令改变坐标系，切换不同的绘图平面。

熟练运用拉伸、放样等三维命令创建实体，并通过布尔运算进行组合。

熟练运用旋转、扫掠等三维建模命令创建实体，并通过布尔运算进行组合。

通过操作与练习，学会分析图纸，形成建模思路，掌握三维实体的基本建模方法。

任务一　印章的绘制——学习基本几何体命令

任务导入

1. 绘图任务

分析图 8.1-1 所示的图形，运用相关命令，创建三维实体并着色显示。

2. 绘图要求

（1）以自己的姓名加学号命名建立文件夹。

（2）分别绘制长方体、圆柱体、球体创建模型。

（3）定位，布尔运算合并三个基本几何体，创建印章实体，并设置着色显示。

（4）检查，并以"印章"为名存入刚才建立的文件夹。

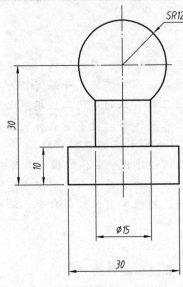

图 8.1-1

简易印章是一个组合体，它由长方体、圆柱体、球体组合而成。绘图时，可先绘制单个实体，接着用移动对象命令将其定位，并用布尔运算中的并集命令进行组合，最后完成印章建模。

一、长方体命令

1. 功　能

创建三维实心长方体。

2. 调　用

方法 1：下拉菜单【建模】—【长方体】。

方法 2：工具栏 🖳。

方法 3：命令行输入 Box。

3. 步　骤

命令：Box

指定第一个角点或 [中心(C)]：

指定其他角点或 [立方体(C)/长度(L)]：L

指定长度：

指定宽度：

指定高度或 [两点(2P)]：

二、圆柱体命令

1. 功　能

创建三维实心圆柱体。

2. 调　用

方法 1：下拉菜单【建模】—【圆柱体】。

方法 2：工具栏 🖳。

方法 3：命令行输入 Cyl 回车。

3. 步　骤

命令：_cylinder

指定底面的中心点或 [三点(3P)/两点(2P)/切点、切点、半径(T)/椭圆(E)]：

指定底面半径或 [直径(D)]：

指定高度或 [两点(2P)/轴端点(A)] <10.0000>：

三、球体命令

1. 功　能

创建三维实心球体。

2. 调　用

方法 1：下拉菜单【建模】—【球体】。

方法 2：工具栏 🖳。

方法 3：命令行输入 Sphere。

3. 步　骤

命令：_sphere

指定中心点或 [三点(3P)/两点(2P)/切点、切点、半径(T)]：

指定半径或 [直径(D)] <7.5000>：

四、布尔运算命令

1. 功　能

用并集命令，组合三维实体或面域。

2. 调　用

方法 1：下拉菜单【实体编辑】—【并集】。

方法 2：工具栏。

方法 3：命令行输入 Uni（并集）。

3. 步　骤

命令：Union

选择对象：[选择实体或面域，然后回车]

选择对象：[选择实体或面域，然后回车]

完成实体合并操作。

任务实施

步骤 1： 分析图纸，单击切换工作空间，进入三维建模环境。

步骤 2： 移动鼠标至视图按钮黑色小箭头，出现下拉式菜单，切换为西南等轴测视角。

步骤 3： 绘制长方体，设置视觉样式为"概念"。

具体操作如下：

（1）绘制长方体

命令：_box

指定第一个角点或 [中心(C)]：（屏幕任意位置单击，回车）

指定其他角点或 [立方体(C)/长度(L)]：（输入 L，以长、宽、高方式定义长方体，回车）

指定长度 <30.0000>：（输入长度 30，回车）

指定宽度 <30.0000>：（输入宽度 30，回车）

指定高度或 [两点(2P)] <30.0000>：（输入高度 10，回车）

（2）设置视觉样式

绘制长方体后，移动鼠标至视图按钮，出现下拉式菜单，视觉样式由"二维线框"

■改为"概念"着色，效果如图 8.1-2 所示。

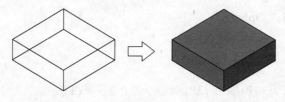

图 8.1-2

步骤 4：绘制圆柱体，设置视觉样式为"概念"。

具体操作如下：

（1）绘制圆柱体

命令：_cylinder

指定底面的中心点或 [三点(3P)/两点(2P)/切点、切点、半径(T)/椭圆(E)]：（屏幕任意位置，单击，回车）

指定底面半径或 [直径(D)] <12.0000>：（输入半径 7.5，回车）

指定高度或 [两点(2P)/轴端点(A)] <10.0000>：（输入高度 20，回车）

（2）设置视觉样式

绘制长方体后，移动鼠标至视图按钮 ![] ，出现下拉式菜单，视觉样式由"二维线框" ![] 改为"概念"着色 ![] ，效果如图 8.1-3 所示。

图 8.1-3

步骤 5：绘制球体，设置视觉样式为"概念"。

具体操作如下：

（1）绘制球体

命令：_sphere

指定中心点或 [三点(3P)/两点(2P)/切点、切点、半径(T)]：（任意位置单击，确定球心，回车）

指定半径或 [直径(D)] <7.5000>：（输入球半径 12，回车）

（2）设置视觉样式

绘制长方体后，移动鼠标至视图按钮 ![] ，出现下拉式菜单，视觉样式由"二维线框" ![] 改为"概念"着色 ![] ，效果如图 8.1-4 所示。

图 8.1-4

步骤 6：通过移动命令定位各实体，通过布尔运算合并实体，如图 8.1-5 所示。

命令：Union

选择对象：（选择长方体、圆柱体和球体，回车完成合并实体）

步骤 7：检查并以"印章"为名保存文件。

图 8.1-5

	建模环境、视觉样式设置（10%）	长方体绘制（10%）	圆柱体绘制（10%）	球体绘制（10%）	实体建模（60%）	成绩
得分						

任务小结

　　"印章"模型，由长方体、圆柱体和球体组合而成，通过本任务的学习，掌握这些基本几何体的绘制方法，并会设置合适的视觉样式。

操作与练习

　　利用本任务所学的知识与技能，抄画如下图例，掌握基本几何体的绘制方法及设置合适的视觉样式。

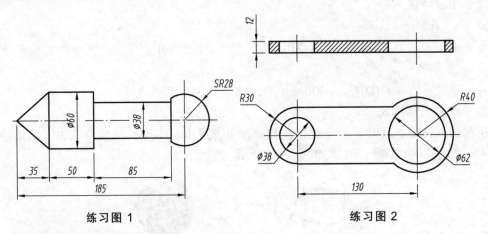

练习图 1　　　　　　　　　　　练习图 2

任务二 垫块的绘制——学习拉伸命令

1. 绘图任务

分析如图 8.2-1 所示的垫块，运用相关命令，创建三维实体并着色显示。

2. 绘图要求

（1）以自己的姓名加学号命名建立文件夹。

（2）分别绘制各二维图，运用面域，拉伸命令创建实体。

（3）通过移动、布尔运算命令，定位和组合实体，并设置着色显示。

（4）检查，并以"垫块"为名存入刚才建立的文件夹。

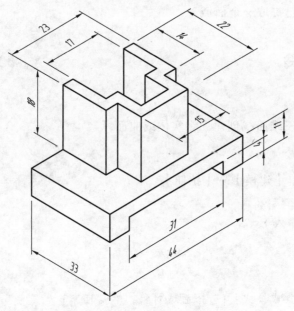

图 8.2-1

任务分析

垫块是一个组合体，它由底板、底板通槽、凹形支撑板组合而成。绘图时，可以先绘制单个实体，接着用移动对象命令将其定位，并用布尔运算中的差集和并集命令进行组合，最后完成三维实体建模。

知识链接

一、面域命令

1. 功　能

将包含于封闭区域的对象转换为面域对象。

2. 调　用

方法 1：下拉菜单【绘图】—【面域】。

方法 2：工具栏 ◎ 。

方法 3：命令行输入 Reg。

3. 步　骤

命令：Region

选择对象：[选择要创建面域的对象（要求闭合），然后回车]

已提取 × 个环，已提取 × 个面域。

二、拉伸命令

1. 功　能

通过拉伸二维和三维曲线创建三维实体或曲面。

2. 调　用

方法 1：下拉菜单【建模】—【拉伸】。

方法 2：工具栏 📦 。

方法 3：命令行输入 Ext。

3. 步　骤

命令：Extrude

选择要拉伸的对象或模式：[选择面域对象，然后回车]

指定拉伸的高度：

完成拉伸实体的创建。

三、布尔运算命令

1. 功　能

用并集、差集、交集命令，组合三维实体或面域。

2. 调 用

方法 1：下拉菜单【实体编辑】—【并集】、【差集】、【交集】。

方法 2：工具栏 ⊚、⊚、⊚。

方法 3：命令行输入 Uni（并集）、Sub（差集），Int（交集）。

3. 步 骤

命令：Union

选择对象：[选择实体或面域，然后回车]

选择对象：[选择实体或面域，然后回车]

完成实体合并操作。

命令：Subtract

选择对象：[选择要从中减去的实体、曲面和面域…，然后回车]

选择对象：[选择要减去的实体、曲面和面域…，然后回车]

完成实体求差操作。

步骤 1： 分析图纸，单击切换工作空间 ⊚，进入三维建模环境。

步骤 2： 移动鼠标至视图按钮 🖱 黑色小箭头，出现下拉式菜单，切换为西南等轴测视角。

步骤 3： 如 8.2-2 所示，绘制二维图形，生成面域，拉伸实体创建底板。

打开正交命令，绘制 33×54 矩形，单击面域命令 ⊚，创建面域。

命令：_region

选择对象：(\选取上图绘制矩形，回车)

单击拉伸命令，创建底板。

命令：Extrude

选择要拉伸的对象：(选择上图创建的面域，然后回车)

指定拉伸的高度：(键盘输入高度 11，回车)

图 8.2-2

步骤 4： 方法同步骤 3，绘制二维图形，生成面域，拉伸创建凹形支撑板，如图 8.2-3 所示。

图 8.2-3

步骤 5：通过移动命令，将凹形支撑板移至底板并定位，用并集运算命令合并实体，如图 8.2-4 所示。

命令：Union

选择对象：（选择底板和凹形支撑板，然后回车完成合并实体）

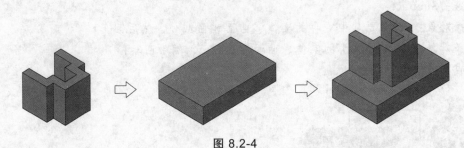

图 8.2-4

步骤 6：通过移动命令，将通槽长方体移至底板并定位，用差集运算命令切减实体，如图 8.2-5 所示。

命令：Subtract

选择对象：（选择合并实体，然后回车）

选择对象：（选择通槽长方体，然后回车完成实体求差操作）

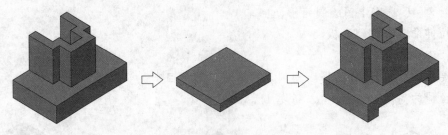

图 8.2-5

步骤 7：检查并以"垫块"为名保存文件。

任务评价

	建模环境 设置（5%）	底板绘制（10%）	通槽绘制 （10%）	凹形支承板绘制 （15%）	实体建模 （60%）	成绩
得分						

任务小结

通过本任务"垫块"的绘制练习，从中了解三维建模的一般流程。即先分析图纸，看清实体的组合形式，先绘制单个实体，并通过布尔运算，进行叠加或切割，完成实体建模。通过拉伸命令，绘制单个实体时，可遵循下列方法：绘制二位图形→生成面域→拉伸面域，创建实体。

操作与练习

利用本任务所学的知识与技能，抄画如下图例，了解三维建模的一般流程，掌握创建实体的基本技能。

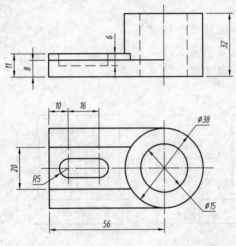

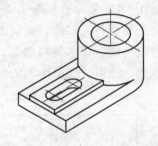

练习图 1

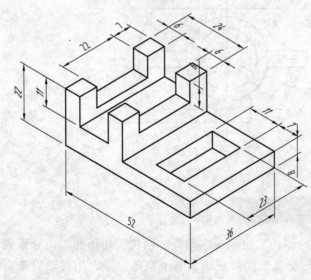

练习图 2

任务三　支承体的绘制——学习 UCS 命令

1. 绘图任务

分析如图 8.3-1 所示的组合体，运用相关命令，创建三维实体并着色显示。

2. 绘图要求

（1）以自己的姓名加学号命名建立文件夹。

（2）运用 UCS 命令，切换绘图平面。

（3）分别绘制各二维图，运用面域，拉伸命令创建实体。

（4）通过移动、布尔运算命令，定位和组合实体，并设置着色显示。

（5）检查，并以"支承体"为名存入刚才建立的文件夹。

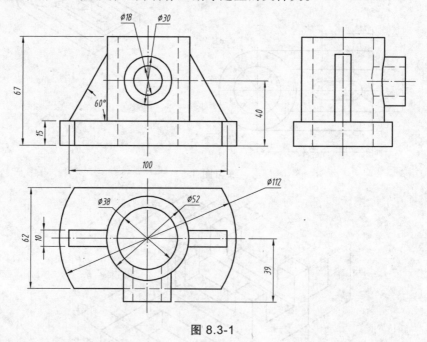

图 8.3-1

支承体是一个组合体，它由底板、圆筒、两块三角形肋板组合而成。绘图时，需切换平面（UCS 命令），绘制二维图形，绘制各个实体。接着用移动对象命令将其定位，并用布尔运算中的差集和并集命令进行组合，最后完成三维实体建模。

一、拉伸命令

1. 功　能

通过拉伸二维和三维曲线创建三维实体或曲面。

2. 调　用

方法 1：下拉菜单【建模】—【拉伸】。

方法 2：工具栏 。

方法 3：命令行输入 Ext。

3. 步　骤

命令：Extrude

选择要拉伸的对象或模式：（选择面域对象，然后回车）

指定拉伸的高度：

完成拉伸实体的创建。

二、布尔运算命令

1. 功　能

用并集、差集、交集命令，组合三维实体或面域。

2. 调　用

方法 1：下拉菜单【实体编辑】—【并集】、【差集】、【交集】。

方法 2：工具栏 、 、 。

方法 3：命令行输入 Uni（并集）、Sub（差集），Int（交集）。

3. 步　骤

命令：Union

选择对象：[选择实体或面域，然后回车]

选择对象：[选择实体或面域，然后回车]

完成实体合并操作。

命令：Subtract

选择对象：[选择要从中减去的实体、曲面和面域…，然后回车]

选择对象：[选择要减去的实体、曲面和面域…，然后回车]

完成实体求差操作。

三、UCS 命令

1. 功　能

管理用户坐标系，具有切换绘图平面的功能。

3 点：用 3 点（X、Y、Z）设定用户坐标系。

世界：将当前用户坐标系设为世界坐标系。

2. 调　用

方法 1：下拉菜单【坐标】—【三点】、【世界】。

方法 2：工具栏 ⊿、⊡世界。

方法 3：命令行输入 Ucs。

3. 步　骤

命令：_ucs（三点设定用户坐标系）

当前 UCS 名称：*世界*

指定 UCS 的原点或 [面(F)/命名(NA)/对象(OB)/上一个(P)/视图(V)/世界(W)/X/Y/Z/Z 轴(ZA)] <世界>：_3

指定新原点 <0,0,0>：

在正 X 轴范围上指定点：

在 UCS XY 平面的正 Y 轴范围上指定点：

命令：_ucs（世界坐标系）

当前 UCS 名称：*没有名称*

指定 UCS 的原点或 [面(F)/命名(NA)/对象(OB)/上一个(P)/视图(V)/世界(W)/X/Y/Z/Z 轴(ZA)] <世界>：_w

任务实施

步骤 1： 分析图纸，单击切换工作空间 ⚙，进入三维建模环境。

步骤 2： 移动鼠标至视图按钮 👁 黑色小箭头，出现下拉式菜单，切换为西南等轴测视角。

步骤 3： 如图 8.3-2 所示，绘制二维图形，生成面域，拉伸实体创建底板。

步骤 4： 方法同步骤 3，绘制底板上的大小圆筒，如图 8.3-3 所示。

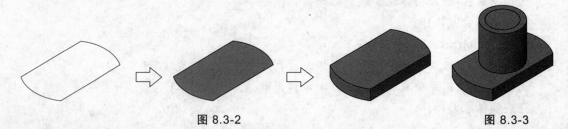

图 8.3-2　　　　　　　　　　　　　　　　　　　　图 8.3-3

步骤5：运用三点 UCS 命令，建立新的用户坐标系，切换绘图平面。绘制两个对称三角形，生成面域，拉伸创建圆筒两侧肋板，通过移动命令定位至圆筒上。

具体操作如下：

（1）鼠标移至坐标菜单，单击三点 UCS 按钮╚，激活三点创建坐标系命令。

命令：_ucs

当前 UCS 名称：*没有名称*

指定 UCS 的原点或 [面(F)/命名(NA)/对象(OB)/上一个(P)/视图(V)/世界(W)/X/Y/Z/Z轴(ZA)] <世界>：_3

指定新原点 <0,0,0>：（选 A 点，设定新的原点）

在正 X 轴范围上指定点：（选 B 点，设定 X 轴）

在 UCS XY 平面的正 Y 轴范围上指定点：（选 C 点，设定 Y 轴）

仔细观察坐标系的变化，如图 8.3-4 所示。

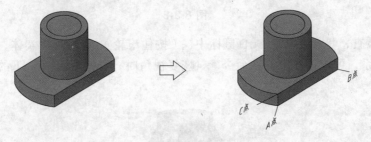

图 8.3-4

（2）绘制三角形，生成面域，拉伸形成实体，如图 8.3-5 所示。

（3）通过移动命令，将三角形肋板移至圆筒两侧，如图 8.3-6 所示。

命令：_move

选择对象：（选择两块三角形肋板，回车）

指定基点或 [位移（D）] <位移>：（选 E 点（线段端点），回车）

指定第二个点或 <使用第一个点作为位移>：（选 F 点（圆筒圆心），回车）

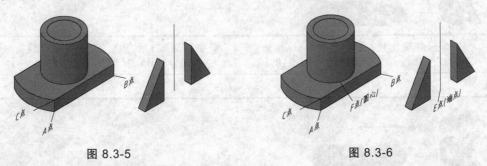

图 8.3-5 图 8.3-6

步骤6：同理，绘制两个水平圆柱体，定位，用布尔运算组合实体，如图 8.3-7 所示。布尔运算组合实体，应遵循先叠加再切割的原则，先并集再差集运算，如图 8.3-8 所示。

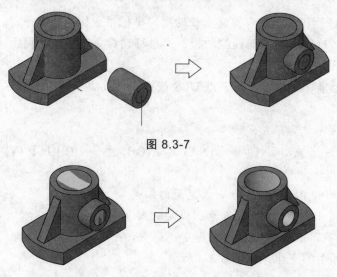

图 8.3-7

图 8.3-8

步骤 7：检查，可用快捷键 Ctrl+鼠标中键（按住滚轮），旋转查看实体，如 8.3-9 所示。恢复原始坐标系，可按世界坐标系命令 ◙ 。恢复视角时，可按视图 下的西南等轴测视图 ◈ 西南等轴测 。

图 8.3-9

步骤 8：检查并以"支承体"为名保存文件。

任务评价

	建模环境设置（5%）	底板绘制（10%）	肋板绘制（10%）	竖直圆筒绘制（10%）	水平圆筒绘制（10%）	实体建模（55%）	成绩
得分							

任务小结

通过本任务"支承体"的绘制练习，需掌握 UCS 命令的使用方法。UCS 用于建立新的用户坐标系，切换绘图平面。绘图平面是指由 X 轴和 Y 轴组成的 XY 平面。创建实体时，需经常切换坐标平面，因此该命令要理解并熟练掌握。另组合实体时，一般应遵循先叠加再切割的原则，即先并集再差集运算。

操作与练习

利用本任务所学的知识与技能，抄画如下图例，理解并掌握 UCS 命令的使用方法，掌握在创建实体时切换坐标平面的技能。

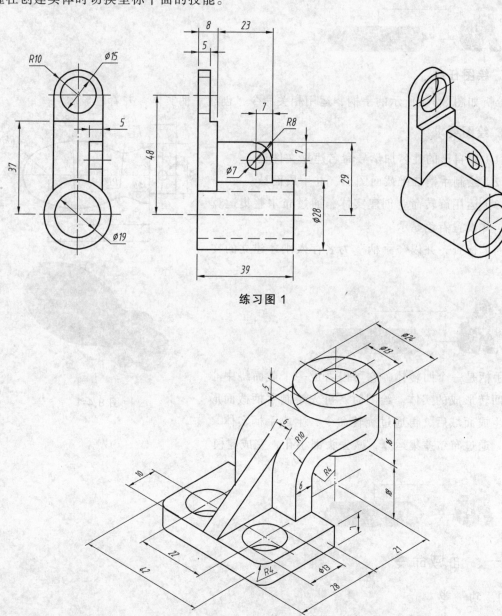

练习图 1

练习图 2

任务四　手柄的绘制——学习旋转命令

1. 绘图任务

分析如图 8.4-1 所示的手柄，运用相关命令，创建手柄实体，并着色显示。

2. 绘图要求

（1）以自己的姓名加学号命名建立文件夹。

（2）绘制手柄二维截面图形，并生成面域。

（3）运用旋转命令创建实体，通过布尔差集运算挖孔，并设置着色显示。

（4）检查，并以"手柄"为名存入刚才建立的文件夹。

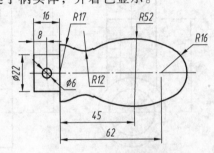

手柄是一个回转体，它可以看成一个截面绕中心轴线回转形成的实体。绘图时，可先绘制手柄截面形状，生成面域后，再通过旋转命令，生成手柄实体。最后，通过布尔差集运算，减去头部小孔，完成建模。

图 8.4-1

一、面域命令

1. 功　能

将包含封闭区域的对象转换为面域对象。

2. 调　用

方法 1：下拉菜单【绘图】—【面域】。

方法 2：工具栏 。

方法 3：命令行输入 Reg。

3. 步 骤

命令：Region

选择对象：[选择要创建面域的对象（要求闭合），然后回车]

已提取 × 个环，已提取 × 个面域。

二、回转命令

1. 功 能

通过绕轴旋转二维或三维曲线创建三维实体或曲面。

2. 调 用

方法 1：下拉菜单【建模】—【旋转】。

方法 2：工具栏 。

方法 3：命令行输入 Rev。

3. 步 骤

命令：Revolve

选择要旋转的对象或模式：[选择面域对象，然后回车]

指定轴起点或根据以下选项之一定义轴 [对象(O)/X/Y/Z] <对象>：*取消*

指定轴端点：

指定旋转角度或 [起点角度(ST)/反转(R)/表达式(EX)] <360>：

三、差集布尔运算命令

1. 功 能

用差集命令，组合三维实体或面域。

2. 调 用

方法 1：下拉菜单【实体编辑】—【差集】。

方法 2：工具栏 。

方法 3：命令行输入 Sub（差集）。

3. 步 骤

命令：Subtract

选择对象：（选择要从中减去的实体、曲面和面域...，然后回车）

选择对象：（选择要减去的实体、曲面和面域...，然后回车）

完成实体求差操作。

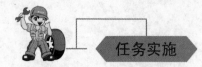

任务实施

步骤 1：分析图纸，单击切换工作空间，进入三维建模环境。

步骤 2：移动鼠标至视图按钮黑色小箭头，出现下拉式菜单，切换为西南等轴测视角。

步骤 3：如图 8.4-2 所示，绘制二维图形，生成面域，旋转实体创建手柄。

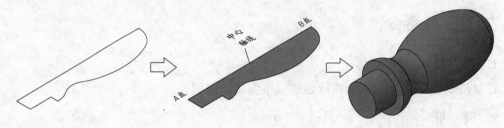

图 8.4-2

绘制手柄二维截面图形，只需画出一半，且要封闭。

单击面域命令，创建面域。

使命：_region

选择对象：（选取上图绘制手柄截面，回车）

单击旋转命令，创建手柄，命令行操作如下：

命令：Revolve

选择要旋转的对象：（选择面域对象，然后回车）

指定旋转轴起点：（拾取中心轴线 *A* 点，回车）

指定轴端点：（拾取中心轴 *B* 点，回车）

指定旋转角度：（直接回车，默认 360°）

步骤 4：绘制小圆柱体，将其移至手柄中并定位，用差集运算命令切减实体，完成手柄模型的创建，如图 8.4-3 所示。

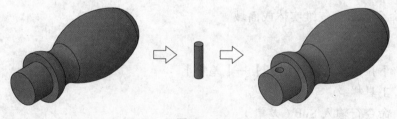

图 8.4-3

命令：Subtract

选择对象：（选择旋转实体…，然后回车）

选择对象：（选择小圆柱体，然后回车完成挖孔操作）

步骤 5：检查并以"手柄"为名保存文件。

任务评价

	建模环境设置（5%）	回转体创建（25%）	挖孔操作（10%）	实体建模（60%）	成 绩
得分					

任务小结

通过"手柄"的绘制练习，掌握回转体类零件的画法。绘制回转体类零件，可用旋转命令。流程一般是先绘制二维截面图，生成面域后，将二维截面绕轴线旋转生成实体。**注意**：截面只需画旋转轴一侧，生成实体，截面需封闭。

操作与练习

利用本任务所学知识与技能，抄画如下图例，掌握回转体类零件的画法。

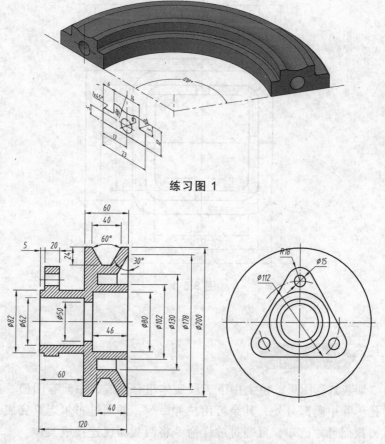

练习图 1

练习图 2

任务五 烟灰缸的绘制——学习放样命令

1. 绘图任务

分析如图 8.5-1 所示的图例，运用相关命令，创建烟灰缸实体，并着色显示。

2. 绘图要求

（1）以自己的姓名加学号命名建立文件夹。

（2）绘制二维截面，合并曲线。放样形成实体。

（3）绘制各拉伸体，通过布尔运算完成烟灰缸模型。

（4）检查，并以"烟灰缸"为名存入刚才建立的文件夹。

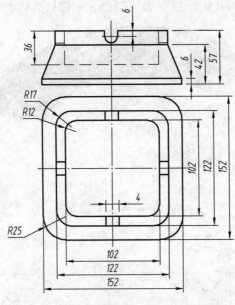

图 8.5-1

本任务的"烟灰缸"图形，由上中下三段实体组合而成，中间有凹槽、四周均匀分布四个半圆腰形孔。除中间部分外，其余可用拉伸命令，并通过布尔运算完成。中间部分实体，上小下大，截面尺寸已知，可通过放样命令将两截面线连接成实体。

知识链接

一、合并曲线命令

1. 功　能

合并相似对象为一个整体对象，具有合并曲线的功能。

2. 调　用

方法 1：下拉菜单【修改】—【合并】。

方法 2：工具栏 ➼。

方法 3：命令行输入 J。

3. 步　骤

命令：_join

选择源对象或要一次合并的多个对象：

选择要合并的对象：

×个对象已转换为 1 条样条曲线。

二、放样命令

1. 功　能

通过数个截面，创建三维实体或曲面。

2. 调　用

方法 1：下拉菜单【建模】—【放样】。

方法 2：工具栏 。

方法 3：命令行输入 Lof。

3. 步　骤

命令：_loft

当前线框密度：ISOLINES=8，闭合轮廓创建模式 ＝ 实体

按放样次序选择横截面或 [点(PO)/合并多条边(J)/模式(MO)]：

按放样次序选择横截面或 [点(PO)/合并多条边(J)/模式(MO)]：

按放样次序选择横截面或 [点(PO)/合并多条边(J)/模式(MO)]：

按放样次序选择横截面或 [点(PO)/合并多条边(J)/模式(MO)]：

输入选项 [导向(G)/路径(P)/仅横截面(C)/设置(S)] <仅横截面>：

步骤 1：分析图纸，单击切换工作空间 🔘，进入三维建模环境。

步骤 2：移动鼠标至视图按钮 🔘黑色小箭头，出现下拉式菜单，切换为东南等轴测视角。

步骤 3：绘制矩形 152×152、122×122，各自倒圆角后，分别合并曲线，如图 8.5-2 所示。

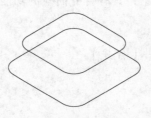

图 8.5-2

步骤 4：使用放样命令，连接两个截面，创建实体，如图 8.5-3 所示。

图 8.5-3

命令：Loft

当前线框密度：ISOLINES=8，闭合轮廓创建模式 = 实体

按放样次序选择横截面或 [点(PO)/合并多条边(J)/模式(MO)]：选择截面 1

按放样次序选择横截面或 [点(PO)/合并多条边(J)/模式(MO)]：选择截面 2

按放样次序选择横截面或 [点(PO)/合并多条边(J)/模式(MO)]：

选中了 2 个横截面

输入选项 [导向(G)/路径(P)/仅横截面(C)/设置(S)] <仅横截面>：连续回车

步骤 5：绘制 152×152×6、122×122×15，与放样体求和，如图 8.5-4 所示。

步骤 6：绘制 122×122×15 长方体及四个腰形槽，移动定位后，求差运算完成建模，如图 8.5-5 所示。

图 8.5-4　　　　　　　　　　　　　　　　图 8.5-5

步骤7：检查并以"烟灰缸"为名保存文件。

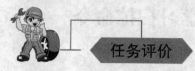

任务评价

	建模环境设置（5%）	合并曲线（10%）	放样体创建（25%）	实体建模（60%）	成绩
得分					

任务小结

通过"烟灰缸"的绘制练习，了解放样命令的用法。放样命令适用于连接多个截面曲线，若截面形状相似，可创建较为光滑的实体。若截面曲线为多个对象，可用合并曲线命令，将多段对象合并，形成一条样条曲线，然后再放样连接。

操作与练习

利用本任务所学的知识与技能，抄画如下图例，了解并掌握放样命令的用法。

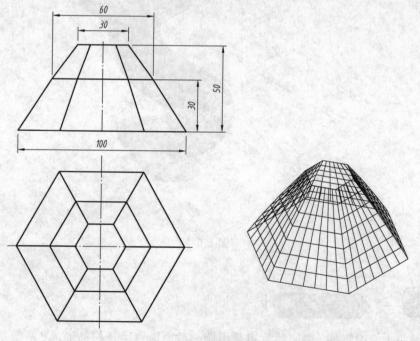

练习图 1

1. 绘图任务

分析如图 8.6-1 所示的弯管图例，运用相关命令，创建弯管实体，并着色显示。

2. 绘图要求

（1）以自己的姓名加学号命名建立文件夹。

（2）绘制路径，合并曲线。

（3）绘制中间管道二维截面图形，并生成面域。

（4）运用扫掠命令，圆形截面沿着路径扫掠，形成中间管道实体。

（5）绘制管道两端拉伸实体，合并实体。

（6）检查，并以"弯管"为名存入刚才建立的文件夹。

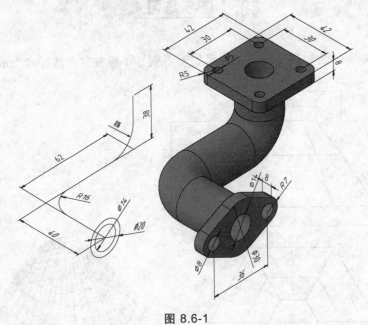

图 8.6-1

弯管是一个管类零件，中间的管道是由圆形截面沿着路径扫描形成，两端是拉伸实体。零件的绘制，要用到扫掠命令。绘图时，先绘制两个圆，生成面域，布尔运算求差后，形成管道截面。将截面沿绘制的路径扫掠,获得中间管道实体。两端为拉伸实体,将其与管道实体合并,完成模型创建。

一、合并曲线命令

1. 功　能

合并相似对象为一个整体对象,具有合并曲线的功能。

2. 调　用

方法 1:下拉菜单【修改】—【合并】。

方法 2:工具栏 ⊶ 。

方法 3:命令行输入 J。

3. 步　骤

命令:_join

选择源对象或要一次合并的多个对象:

选择要合并的对象:

×个对象已转换为 1 条样条曲线。

二、扫掠命令

1. 功　能

通过沿路径扫掠二维或三维曲线形成实体或曲面。

2. 调　用

方法 1:下拉菜单【建模】—【扫掠】。

方法 2:工具栏 ⬚ 。

方法 3:命令行输入 Sweep。

3. 步　骤

命令:Sweep

当前线框密度:ISOLINES=30,闭合轮廓创建模式 = 实体

选择要扫掠的对象或 [模式(MO)]:

选择要扫掠的对象或 [模式(MO)]:

选择扫掠路径或 [对齐(A)/基点(B)/比例(S)/扭曲(T)]:

任务实施

步骤 1：分析图纸，单击切换工作空间 ⚙，进入三维建模环境。

步骤 2：移动鼠标至视图按钮 📑 黑色小箭头，出现下拉式菜单，切换为东南等轴测视角。

步骤 3：绘制路径，分两次合并曲线。

命令：_join

选择源对象或要一次合并的多个对象：（单击第一条直线段）

选择要合并的对象：（窗选所有对象，回车）

选择要合并的对象：

3 个对象已转换为 1 条样条曲线。

同理，完成第 2 次合并曲线操作，如图 8.6-2 所示。

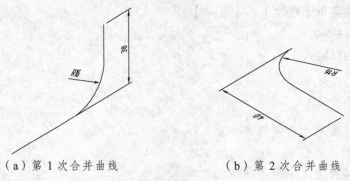

（a）第 1 次合并曲线　　　　　　（b）第 2 次合并曲线

图 8.6-2

步骤 4：绘制两个圆，生成面域并布尔求差，如图 8.6-3 所示。

图 8.6-3

命令：Region

选择对象：（单击大圆和小圆）

选择对象：（按右键或回车）

已提取 2 个环。已创建 2 个面域。

命令：_subtract（选择要从中减去的实体、曲面和面域...）

选择对象：（选择大圆）

选择对象：（回车）

选择要减去的实体、曲面和面域...（选择小圆，回车）

路径两端各绘制一个截面，如图 8.6-4 所示。

步骤 5：两个圆形截面分别沿各自路径扫掠，形成管道实体，求和创建管道实体，如图 8.6-5 所示。

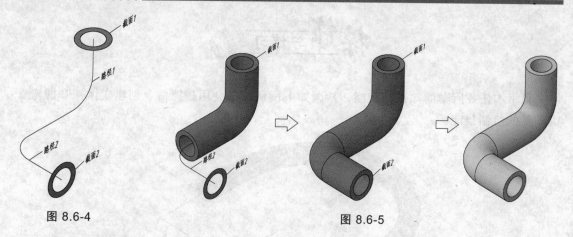

图 8.6-4

图 8.6-5

命令：_sweep

当前线框密度：ISOLINES=30，闭合轮廓创建模式 = 实体

选择要扫掠的对象或 [模式(MO)]：（选截面 1，回车）

选择扫掠路径或：（选路径 1，回车）

创建第一段管道实体。

命令：_sweep

当前线框密度：ISOLINES=30，闭合轮廓创建模式 = 实体

选择要扫掠的对象或 [模式(MO)]：（选截面 2，回车）

选择扫掠路径或：（选路径 2，回车）

创建第二段管道实体。

命令：Union

选择对象：（选择扫掠实体 1 和 2，回车完成合并实体）

步骤 6： 分别绘制两端拉伸体，和中间管道合并，创建弯管实体，如图 8.6-6 所示。

步骤 7： 检查并以"弯管"为名保存文件。

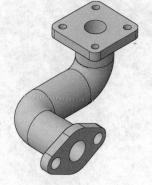

图 8.6-6

任务评价

	建模环境设置（5%）	合并曲线（10%）	扫掠体创建（25%）	实体建模（60%）	成绩
得分					

任务小结

通过本任务"弯管"的绘制练习，掌握此类零件的画法。使用扫掠命令创建实体时，先选截面曲线，接着选路径，通过扫描生成实体。绘制轨迹时，若有多个对象，可用合并曲线命令，将多段对象合并形成一条样条曲线。

操作与练习

利用本任务所学的知识与技能，抄画如下图例，学会用扫掠命令创建实体，掌握弯管类零件的绘制技能。

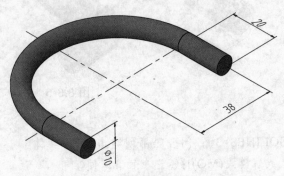

练习图 1

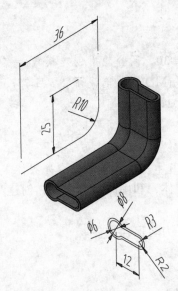

练习图 2

任务七　垫片的绘制——学习阵列命令

任务导入

1. 绘图任务

分析如图 8.7-1 所示的垫片图例，运用相关命令，创建三维实体并着色显示。

2. 绘图要求

（1）以自己的姓名加学号命名建立文件夹。

（2）绘制单个腰形槽实体，环形阵列，形成三个腰形槽。

（3）通过移动、布尔运算命令组合实体，并设置着色显示。

（4）检查，并以"垫片"为名存入刚才建立的文件夹。

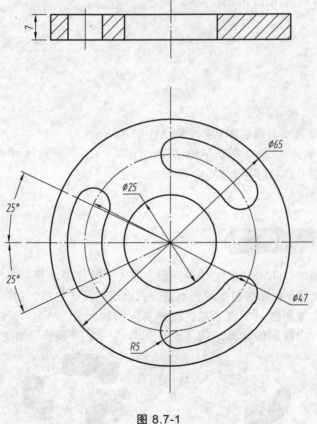

图 8.7-1

任务分析

垫片内由三个腰形槽和一个孔组成。三个腰形槽沿圆心均匀分布，可用阵列命令绘制，用布尔差集运算从中减去即可。

知识链接

环形阵列命令及运用

1. 功 能

绕某个中心点或旋转轴形成的环形图案，均匀分布副本。

2. 调 用

方法 1：下拉菜单【修改】—【环形阵列】。

方法 2：工具栏 ✛ 。

方法 3：命令行输入 Arraypolar。

3. 步 骤

命令：_arraypolar

选择对象：

选择对象：

类型 ＝ 极轴　关联 ＝ 是

指定阵列的中心点或 [基点(B)/旋转轴(A)]：

选择夹点以编辑阵列或 [关联(AS)/基点(B)/项目(I)/项目间角度(A)/填充角度(F)/行(ROW)/层(L)/旋转项目(ROT)/退出(X)] <退出>：

任务实施

步骤 1：分析图纸，单击切换工作空间 ▣ ，进入三维建模环境。

步骤 2：移动鼠标至视图按钮 ▣ 黑色小箭头，出现下拉式菜单，切换为西南等轴测视角。

步骤 3：绘制二维图形，生成面域，拉伸实体创建底板。

步骤 4：绘制一个腰形槽实体，用环形阵列形成三个腰形槽，如图 8.7-2 所示。

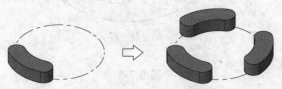

图 8.7-2

命令：_arraypolar

选择对象：（选择腰形槽实体，回车）

选择对象：

类型 = 极轴　关联 = 否

指定阵列的中心点或 [基点(B)/旋转轴(A)]：（选取圆心，回车）

选择夹点以编辑阵列或 [关联(AS)/基点(B)/项目(I)/项目间角度(A)/填充角度(F)/行(ROW)/层(L)/旋转项目(ROT)/退出(X)] <退出>：（选 3 个项目）

选择夹点以编辑阵列或 [关联(AS)/基点(B)/项目(I)/项目间角度(A)/填充角度(F)/行(ROW)/层(L)/旋转项目(ROT)/退出(X)] <退出>：

步骤 5：定位，用差集运算减去三个腰形槽和中间孔，如图 8.7-3 所示。

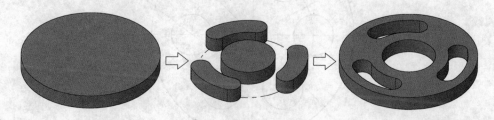

图 8.7-3

步骤 6：检查并以"垫片"为名保存文件。

	建模环境设置（5%）	底板绘制（10%）	腰形槽绘制（20%）	实体建模（65%）	成绩
得分					

通过"垫片"的绘制练习，熟练掌握环形阵列命令，提高绘图效率。

操作与练习

利用本任务所学的知识与技能，抄画如下图例，掌握环形阵列命令及用法。

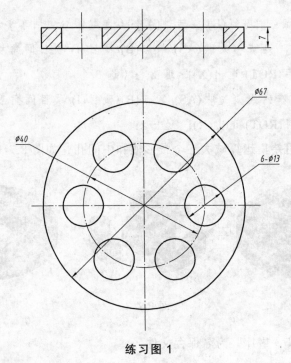

练习图 1

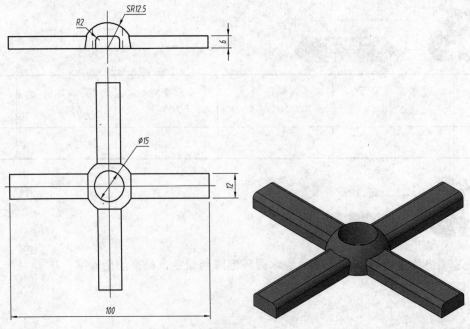

练习图 2

任务八 定位块的绘制——学习三维镜像命令

任务导入

1. 绘图任务

分析如图 8.7-1 所示的图例，运用相关命令，创建三维实体并着色显示。

2. 绘图要求

（1）以自己的姓名加学号命名建立文件夹。

（2）绘制一侧圆筒实体，运用三维镜像命令，复制右侧圆筒。

（3）将两侧圆筒与竖板合并，创建实体，并设置着色显示。

（4）检查，并以"定位块"为名存入刚才建立的文件夹。

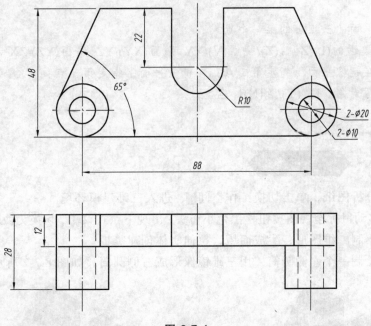

图 8.7-1

任务分析

定位块由竖板和两侧圆筒组成，为对称图形。绘制两侧圆筒时，可用三维镜像命令，提高绘图效率。

三维镜像命令及运用

1. 功 能

在镜像平面上创建选择对象的副本。

2. 调 用

方法 1：下拉菜单【修改】—【三维镜像】。

方法 2：工具栏 ％ 。

方法 3：命令行输入 Mirror3d。

3. 步 骤

命令：_mirror3d

选择对象：找到 1 个

选择对象：

指定镜像平面（三点）的第一个点或

[对象(O)/最近的(L)/Z 轴(Z)/视图(V)/XY 平面(XY)/YZ 平面(YZ)/ZX 平面(ZX)/三点(3)] <三点>：在镜像平面上指定第二点：在镜像平面上指定第三点：

是否删除源对象？[是(Y)/否(N)] <否>：

步骤 1：分析图纸，单击切换工作空间 ，进入三维建模环境。

步骤 2：移动鼠标至视图按钮 黑色小箭头，出现下拉式菜单，切换为西南等轴测视角。

步骤 3：绘制二维图形，生成面域，拉伸实体创建竖板。

步骤 4：绘制一个左侧圆筒，用三维镜像形成右侧圆筒，如图 8.7-2 所示。

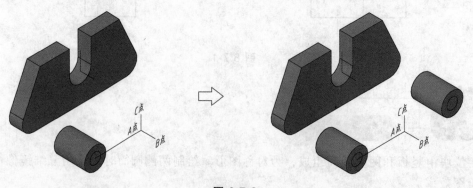

图 8.7-2

命令：_mirror3d

选择对象：指定对角点：（选择圆筒，回车）

选择对象：

指定镜像平面（三点）的第一个点或（单击 A 点）

[对象(O)/最近的(L)/Z 轴(Z)/视图(V)/XY 平面(XY)/YZ 平面(YZ)/ZX 平面(ZX)/三点(3)] <三点>：（单击 B 点，C 点）

是否删除源对象？[是(Y)/否(N)] <否>：（回车，不删除源对象）

步骤 5：定位，布尔运算，完成实体，如图 8.7-3 所示。

步骤 6：检查并以"定位块"为名保存文件。

图 8.7-3

任务评价

	建模环境设置（5%）	竖板绘制（10%）	两侧圆筒绘制（25%）	实体建模（60%）	成绩
得分					

任务小结

通过"定位块"的绘制练习，掌握此类零件的创建方法。对于沿中心轴线或中心平面对称的实体，绘制一侧实体后，用三维镜像命令复制出另一侧实体，提高绘图效率。

操作与练习

利用本任务所学的知识与技能，抄画如下图例，掌握三维镜像命令创建实体的技法。

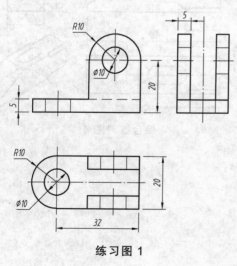

练习图 1

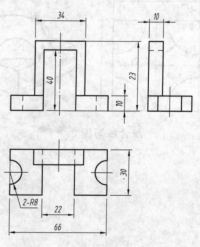

练习图 2

项目八综合练习题

以自己的姓名加学号命名建立文件夹，利用项目八所学的绘图技法，抄画如下图例，达到巩固知识、提高绘图技能的目的。

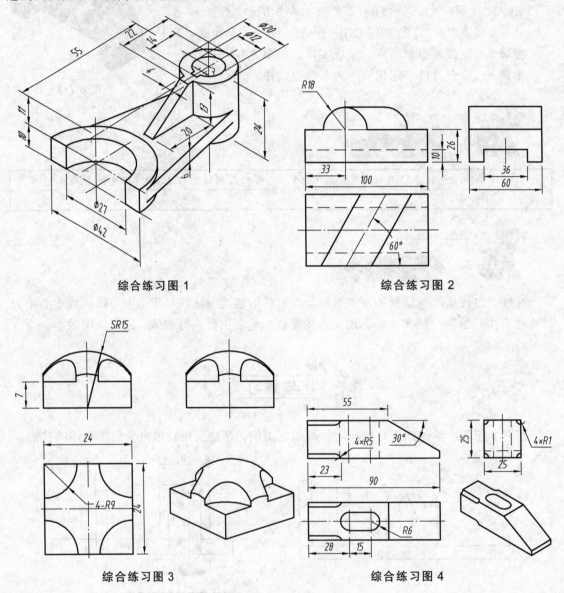

综合练习图 1　　　　　　　　综合练习图 2

综合练习图 3　　　　　　　　综合练习图 4

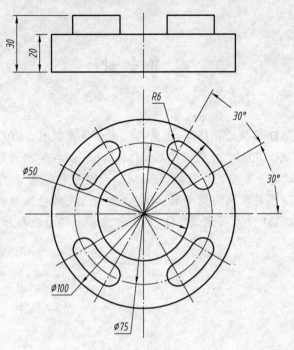

综合练习图 5

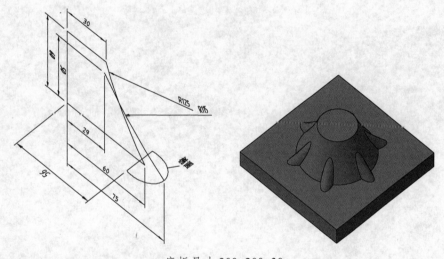

底板尺寸 200×200×30

综合练习图 6

参考文献

[1] 李梅红. AutoCAD 机械绘图[M]. 北京：中国铁道出版社，2013.

[2] 方意琦. AutoCAD2008 中文版机械制图[M]. 北京：科学出版社，2009.

[3] 浙江省教育厅职成教教研室. 机械识图[M]. 北京：高等教育出版社，2009.

[4] 姜勇. AutoCAD 机械制图习题精解[M]. 北京：人民邮电出版社，2010.

[5] 赵松涛. CAD/CAM 技术习题集[M]. 重庆：重庆大学出版社，2010.